Inhaltsverzeichnis

Rationale Zahlen

Dreiecke

Zuordnungen

Grundkonstruktionen

Prozentrechnung

Daten und Zufall

Von Termen und Gleichungen

Tests

Dieses Heft gehört:		Klasse:	

Negative Zahlen

▶ Grundwissen

- Negative Zahlen sind kleiner als Null und werden mit einem Minuszeichen (–) gekennzeichnet. Sie stehen auf der Zahlengeraden links von der Null.
- Positive Zahlen sind größer als Null und können mit einem Pluszeichen (+) gekennzeichnet werden. Sie stehen auf der Zahlengeraden rechts von der Null.

  Beispiele:

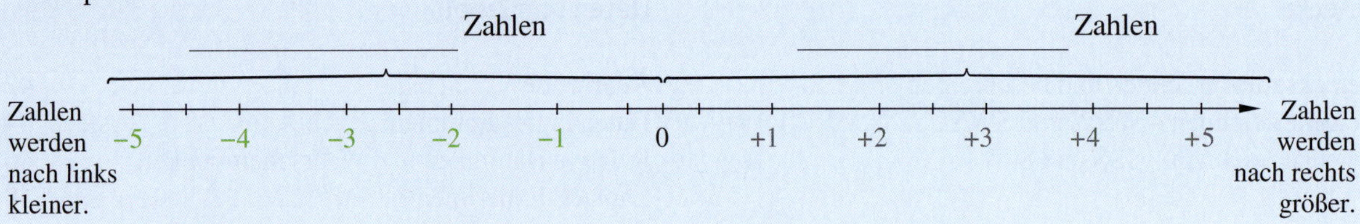

Trainieren

1 Veranschauliche jeweils die folgenden Zahlen auf der Zahlengeraden.

Starthilfe Entscheide jeweils zuerst, ob die Zahl rechts (+) oder links (–) von der 0 steht.

a) 2; –1; –7; 11; 7; 4; –12; –14; 5; –5; 10

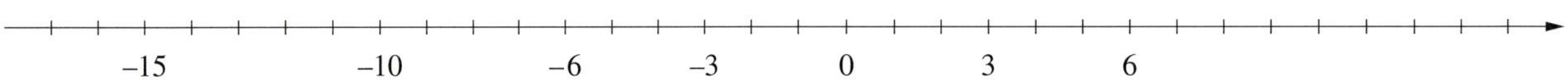

b) –16; 12; –8; 9; –13; 1; –6; –4; 13; –2

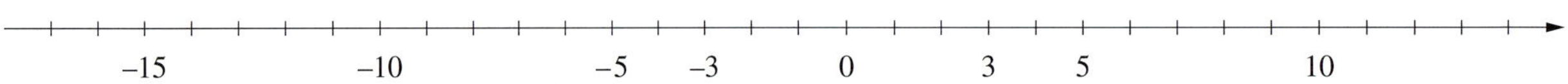

2 Vergleichen

Starthilfe –20 < –10, da –20 weiter links auf der Zahlengeraden steht als –10.

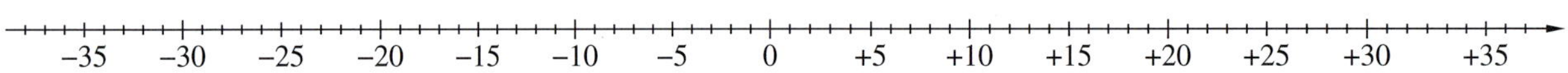

a) Vergleiche.

–30 ☐ 0	+30 ☐ 0	–2,3 ☐ +3,2	+20 ☐ –20
+30 ☐ –20	+30 ☐ +20	–30 ☐ –20	–3,2 ☐ –2,3

b) Ergänze jeweils das Vorzeichen.

☐7 < +6	☐18 > +8	☐201 > 0	☐33 > –22
☐34 > +29	☐710 < 690	☐35 < –25	☐405 < 480

c) Gib jeweils drei ganze Zahlen an, die zwischen den gegebenen Zahlen liegen.

–5 < ____ < ____ < ____ < 5	–5 < ____ < ____ < ____ < –1
–10 < ____ < ____ < ____ < –2	1 > ____ > ____ > ____ > –4
–10,8 < ____ < ____ < ____ < –5,2	1,98 > ____ > ____ > ____ > –2,02

3 Das linke Thermometer zeigt jeweils die Temperatur am Anfang.
Das rechte Thermometer zeigt jeweils die Temperatur am Ende. Ergänze die Sätze entsprechend.

Starthilfe Trage zuerst „stieg“ bzw. „fiel“, danach die Anfangstemperatur und zuletzt die Endtemperatur ein.

a)
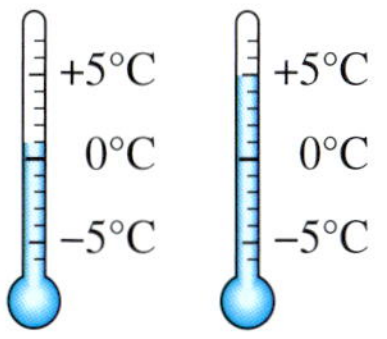

Die Temperatur

____

von ___ °C auf ___ °C.

b)
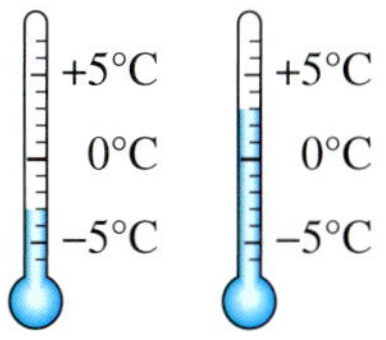

Die Temperatur

____

von ___ °C auf ___ °C.

c)
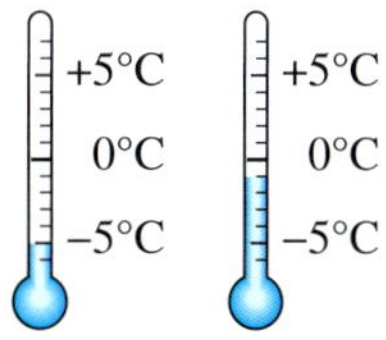

Die Temperatur

____

von ___ °C auf ___ °C.

d)
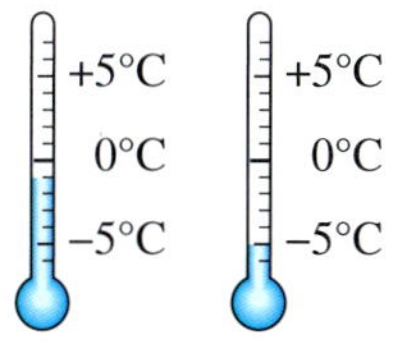

Die Temperatur

____

von ___ °C auf ___ °C.

4 Gegenzahl und Abstand zu Null

Starthilfe „–5“ ist Gegenzahl zu „+5“. „+5“ ist Gegenzahl zu „–5“.
Abstand zu Null (Betrag): |+5| = 5 und |–5| = 5

a) Markiere auf der Zahlengeraden jeweils die Zahl und ihre Gegenzahl. +10; –20; –24; –33

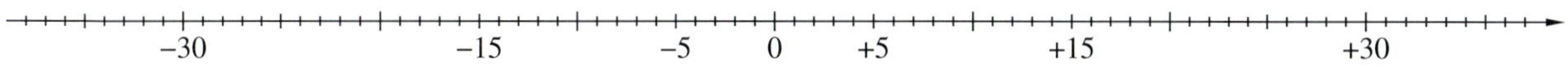

b) Ergänze die Tabelle.

Zahl	+5	+10	+15	–20				
Gegenzahl	–5				+24	+28	–3,1	+3,6
Betrag der Zahl und ihrer Gegenzahl	5							

Anwenden und Vernetzen

5 Die Zeichen + und – geben als Vorzeichen an, wie etwas in Bezug zu 0 ist. Ergänze die Tabelle passend.

– als Vorzeichen	0	+ als Vorzeichen
Tiefenangaben Beispiel: 1 578 m uNN (–1 578 m)	Höhe des Meeresspiegels NN	Beispiel: 78 m üNN (+78 m)
Beispiel: –286,20 €	keine Schulden und kein Guthaben	Beispiel: +256,25 €

6 Löse die Aufgaben mithilfe der Zahlengeraden.

Starthilfe Gehe nach links bei weniger. ←
Gehe nach rechts bei mehr. →

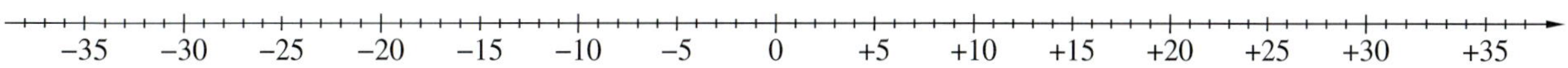

a) –5 °C 5 Grad wärmer → ___ °C

b) –5 °C 10 Grad wärmer → ___ °C

c) –5 °C ← 5 Grad kälter ___ °C

d) –5 °C ← 10 Grad kälter ___ °C

e) –10 € ← 15 € weniger ___ €

f) –10 € 15 € mehr → ___ €

g) –30 20 mehr → ___

h) –10 ← 20 weniger ___

Koordinatensystem

▶ Grundwissen

- Ein Koordinatensystem besteht aus zwei zueinander senkrechten Achsen, der *x*-Achse und der *y*-Achse. Die Achsen schneiden einander im Koordinatenursprung (Nullpunkt).
- Jede Achse ist gleichmäßig unterteilt.
- Jeder Punkt *P* kann mit seinen Koordinaten *P* (*x* | *y*) angegeben werden.

Beispiele: *A* (3 | 1)

B (−2 | −1)

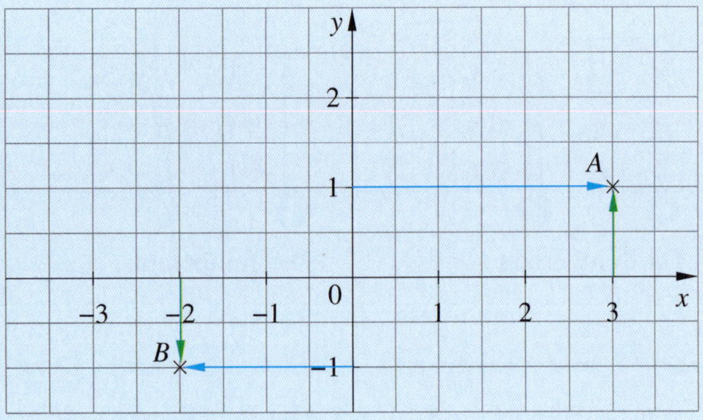

Trainieren

1 Vervollständige die Angaben zu den im Koordinatensystem eingezeichneten Punkten.

Starthilfe Alle Punkte auf jeweils einer der Linien haben eine gemeinsame Koordinate.

A (3 | ___)	*B* (___ | 3)
C (___ | 3)	*D* (−3 | ___)
E (−3 | ___)	*F* (−3 | ___)
G (___ | ___)	*H* (___ | ___)
I (___ | ___)	*J* (___ | ___)
K (___ | ___)	*L* (___ | ___)
M (___ | ___)	*N* (___ | ___)
O (___ | ___)	*P* (___ | ___)

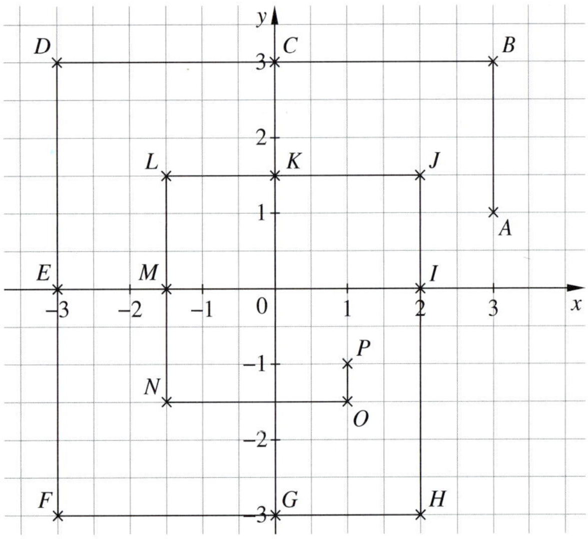

2 Zeichne die Punkte in das Koordinatensystem ein.

Starthilfe Alle Punkte liegen auf den Seiten eines Rechtecks.

A (1 | 2,5)	*B* (−1 | 2,5)
C (2,5 | 2,5)	*D* (2,5 | 0)
E (0 | −3)	*F* (−3 | −3)
G (−1,5 | −3)	*H* (−3 | 2,5)
I (−2 | 2,5)	*J* (−3 | 1)
K (−3 | −1,5)	*L* (−3 | 0)
M (−3 | −2,5)	*N* (−2,5 | −3)
O (2,5 | −3)	*P* (2 | −3)

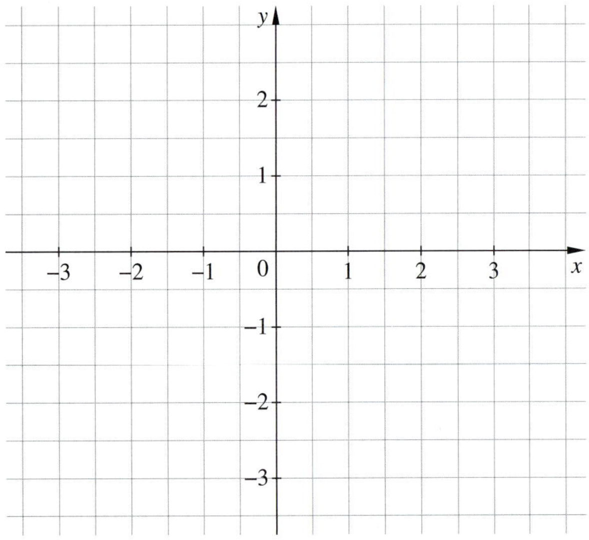

3 Trage die Punkte im Koordinatensystem ein.
Verbinde sie in alphabetischer Reihenfolge und den ersten mit dem letzten Punkt.

Starthilfe $Z(-2\,|\,-3)$ (x↑ y↑)

$A\ (0{,}5\,|\,-3)$ $B\ (1{,}5\,|\,-3)$
$C\ (1{,}5\,|\,3{,}5)$ $D\ (0{,}5\,|\,3{,}5)$
$E\ (0{,}5\,|\,1{,}5)$ $F\ (-1{,}5\,|\,1{,}5)$
$G\ (-1{,}5\,|\,3{,}5)$ $H\ (-2{,}5\,|\,3{,}5)$
$I\ (-2{,}5\,|\,2)$ $J\ (-2{,}5\,|\,1)$
$K\ (-2{,}5\,|\,-3)$ $L\ (-1{,}5\,|\,-3)$
$M\ (-1{,}5\,|\,-1{,}5)$ $N\ (-1{,}5\,|\,0{,}5)$
$O\ (0{,}5\,|\,0{,}5)$

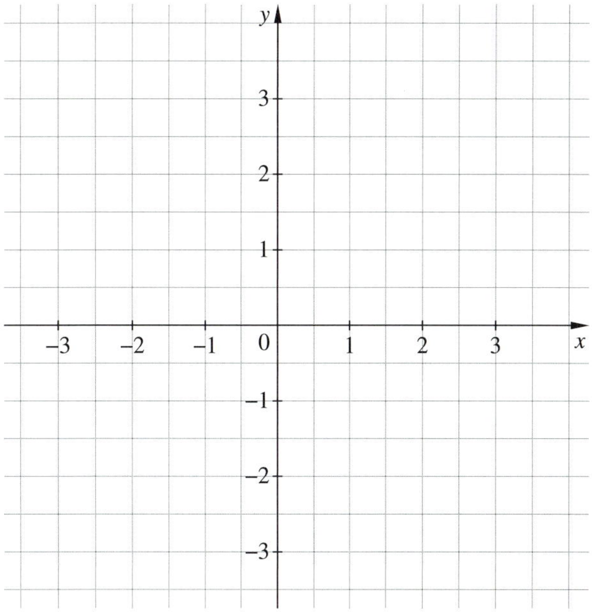

Anwenden und Vernetzen

4 Quadranten

Starthilfe

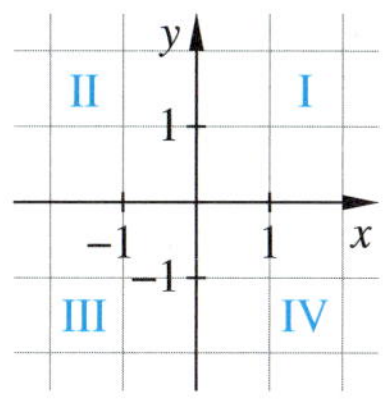

a) Kreuze jeweils alle passenden Quadranten an.

① Der Punkt $X(-99\,|\,78)$ liegt im … Quadranten. ☐ I. ☐ II. ☐ III. ☐ IV.
② Der Punkt $Y(-0{,}01\,|\,-0{,}02)$ liegt im … Quadranten. ☐ I. ☐ II. ☐ III. ☐ IV.
③ Die Vorzeichen beider Koordinaten sind positiv. ☐ I. ☐ II. ☐ III. ☐ IV.
④ Mindestens ein Vorzeichen der Koordinaten ist negativ. ☐ I. ☐ II. ☐ III. ☐ IV.
⑤ Die Vorzeichen beider Koordinaten sind gleich. ☐ I. ☐ II. ☐ III. ☐ IV.
⑥ Das Vorzeichen der x-Koordinate ist negativ. ☐ I. ☐ II. ☐ III. ☐ IV.

b) Der Punkt $P(17\,|\,11)$ wird an der x-Achse gespiegelt.
Gib die Koordinaten des Bildpunktes P' an. ____________

5 Würfelnetz im Koordinatensystem

$A'\ (0{,}5\,|\,-2{,}5)$ $B'\ (2\,|\,-2{,}5)$
$C\ (2\,|\,-1)$ $D\ (2\,|\,0{,}5)$
$E\ (0{,}5\,|\,0{,}5)$ $F\ (0{,}5\,|\,2)$
$G\ (-1\,|\,2)$ $H\ (-1\,|\,3{,}5)$
$I\ (-2{,}5\,|\,3{,}5)$ $J\ (-2{,}5\,|\,2)$
$K\ (-2{,}5\,|\,0{,}5)$ $L\ (-1\,|\,0{,}5)$
M (___ | ___) N (___ | ___)

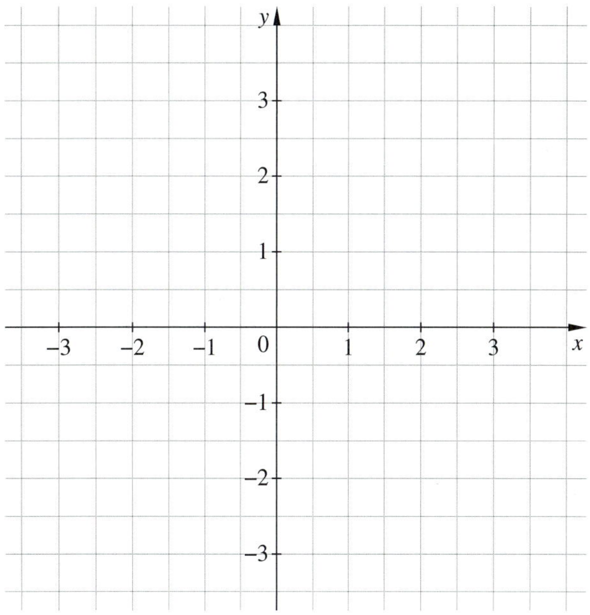

a) Trage zuerst die Punkte im Koordinatensystem ein.

b) Ergänze zwei Punkte, um das Netz eines Würfels zu erhalten.
Zeichne passende Linien ein.
Zusatzaufgabe: Zeichne dein Würfelnetz ab, schneide es aus und falte daraus einen Würfel.

Rationale Zahlen addieren

▶ Grundwissen

- Addieren bei gleichen Vorzeichen:
  Addiere die Zahlen ohne ihr Vorzeichen zu berücksichtigen.
  Das Ergebnis bekommt das gemeinsame Vorzeichen.

  Beispiele:

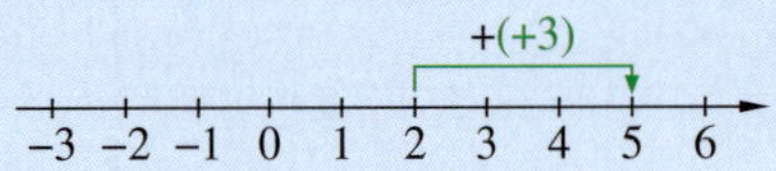

$(+2) + (+3) = +5$

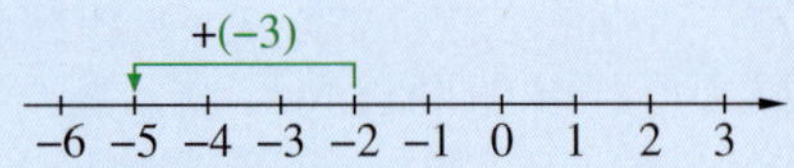

$(-2) + (-3) = -5$

- Addieren bei verschiedenen Vorzeichen:
  Subtrahiere ohne Vorzeichen: „größerer Betrag minus kleinerer Betrag“.
  Das Ergebnis bekommt das Vorzeichen der Zahl mit dem größeren Betrag.

  Beispiele:

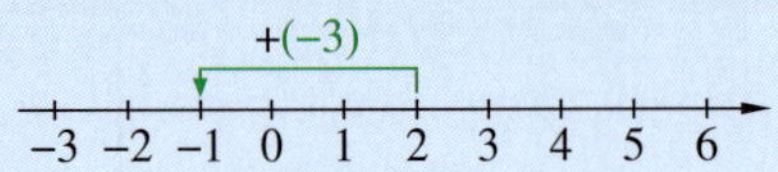

$(+2) + (-3) = -1$

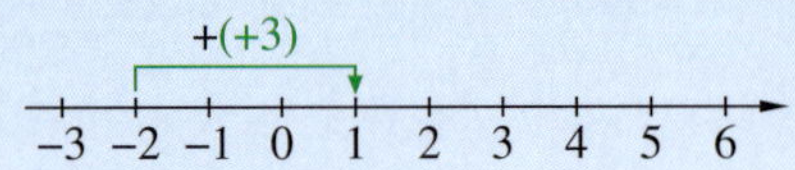

$(-2) + (+3) = +1$

Trainieren

1 Ergänze die Ergebnisse.

Starthilfe Bei □ + (+□) gehe nach rechts.
Bei □ + (–□) gehe nach links.

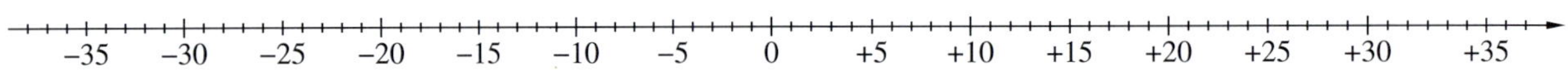

a)	b)	c)	d)
$(+11)+(+3)=$ ___	$(-11)+(-3)=$ ___	$(+11)+(-3)=$ ___	$(-11)+(+3)=$ ___
$(+11)+(+6)=$ ___	$(-11)+(-6)=$ ___	$(+11)+(-6)=$ ___	$(-11)+(+6)=$ ___
$(+11)+(+9)=$ ___	$(-11)+(-9)=$ ___	$(+11)+(-9)=$ ___	$(-11)+(+9)=$ ___
$(+11)+(+12)=$ ___	$(-11)+(-12)=$ ___	$(+11)+(-12)=$ ___	$(-11)+(+12)=$ ___
$(+11)+(+15)=$ ___	$(-11)+(-15)=$ ___	$(+11)+(-15)=$ ___	$(-11)+(+15)=$ ___
$(+11)+(+17)=$ ___	$(-11)+(-16)=$ ___	$(+11)+(-19)=$ ___	$(-11)+(+16)=$ ___

2 Ergänze die Additionsaufgaben und die Ergebnisse.

Starthilfe Beispiele im Grundwissen.

a)

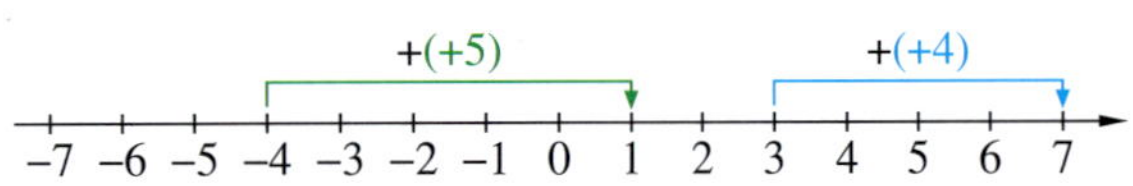

grün: $(-4) + (+5) = +1$

blau: ___________________________

b)

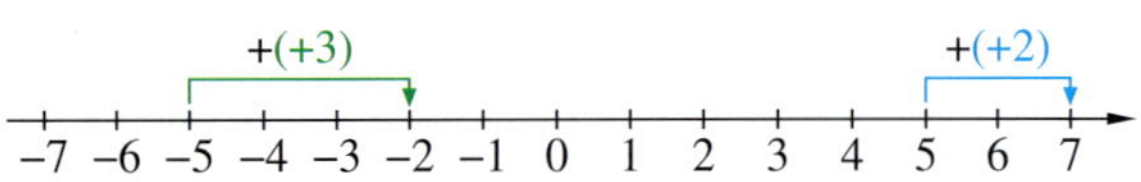

grün: ___________________________

blau: ___________________________

c)

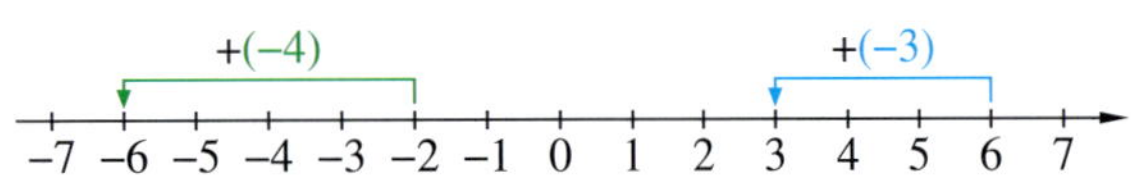

grün: ___________________________

blau: ___________________________

d)

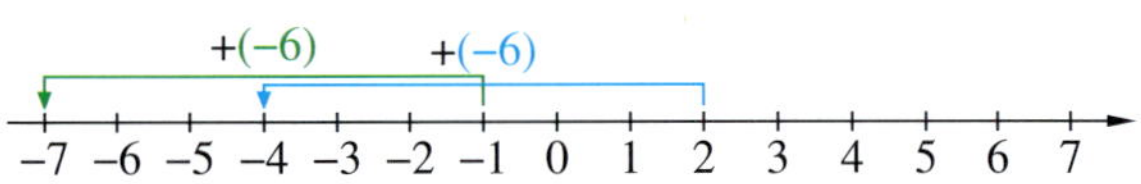

grün: ___________________________

blau: ___________________________

3 Berechne. **Starthilfe** 1. Beträge 2. Vorzeichen

a) (−14) + (+2) = ______ b) (+16) + (−10) = ______ c) (−7) + (+18) = ______

d) 0 + (−8) = ______ e) (+4) + (+21) = ______ f) (−13) + (−6) = ______

g) (−2,0) + (−1,5) = ______ h) (−2,2) + (+1,5) = ______ i) (−7,8) + (+10,8) = ______

4 Additionsmauern **Starthilfe** zur ersten Mauer (+22) + (−13) = +9

a) Ergänze die Vorzeichen.

42			
11	53		
+9	2	55	
+22	−13	+15	−70

45			
15	60		
50	35	25	
−45	−5	+40	−15

11			
20	9		
1	19	28	
+8	−7	+26	−54

b) Vervollständige die Additionsmauern.

−3			
+2	+3	−4	−2

−12			
−5	−10	+7	+2

+8	−10	+20	−6

Anwenden und Vernetzen

5 Setze Zahlen ein, die größer als −11 und kleiner als 11 sind. **Starthilfe** −10; −9; …; 0; …; 9; 10

a) Die Summe beider Zahlen ist „0". ___ + ___ = 0 ___ + ___ = 0

b) Die Summe beider Zahlen ist „18". ___ + ___ = +18 ___ + ___ = +18

c) Die Summe beider Zahlen ist „−18". ___ + ___ = −18 ___ + ___ = −18

6 Spielauswertung

	Ergebnisse von Spiel 1	Ergebnisse von Spiel 2	Ergebnisse von Spiel 3	Gesamtergebnisse
Emilia	−100	+250	−120	−30
Ayse	−120	+100	+80	−100
Niclas	+200	−130	−130	+200
Samir	−150	+110	−90	−130

a) In der Tabelle haben sich Fehler bei den Gesamtergebnissen eingeschlichen. Finde und korrigiere sie.

b) In welchem Spiel erreichten alle Spieler zusammen die geringste Punktzahl? Wie viele Punkte waren es?

______

______

Rationale Zahlen subtrahieren

▶ Grundwissen

Eine rationale Zahl wird subtrahiert, indem man ihre Gegenzahl addiert.

Beispiele:

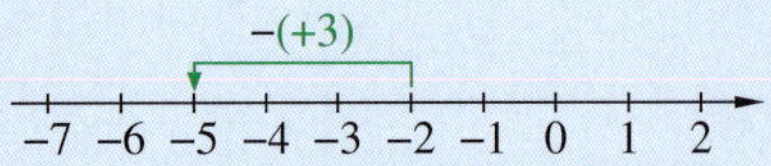

$(-2) - (+3) = (-2) + (-3) = -5$

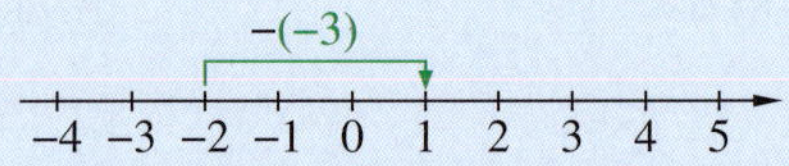

$(-2) - (-3) = (-2) + (+3) = +1$

Trainieren

1 Wandle die Subtraktionsaufgaben in Additionsaufgaben um.

Starthilfe $(+7) - (-3) = (+7) + (+3)$ ↑ ↑ Vorzeichenwechsel

a) Ergänze die Vorzeichen.

$(+7) - (+3) = (+7) + (\square\, 3)$ $(+9) - (-5) = (+9) + (\square\, 5)$ $(-8) - (+13) = (-8) + (\square\, 13)$

$(-5) - (+6) = (-5) + (\square\, 6)$ $(+12) - (-13) = (+12) + (\square\, 13)$ $(+4) - (+33) = (+4) + (\square\, 33)$

b) Ergänze die entsprechenden Additionsaufgaben.

$(-9) - (+3) =$ ______ $(+2) - (+9) =$ ______ $(+7) - (-3) =$ ______

$(+91) - (+53) =$ ______ $(-45) - (-62) =$ ______ $(-85) - (+25) =$ ______

c) Unterstreiche alle Fehler und gib darunter die richtige Umwandlung an.

$(+45) - (+43) = (+45) + (+43)$ $(-81) - (-3) = (-81) - (+3)$ $(-6{,}5) - (-5{,}3) = (+6{,}5) + (+3{,}5)$

______ ______ ______

d) Verbinde jede Subtraktionsaufgabe mit einer passenden Additionsaufgabe.
Ergänze die beiden fehlenden Aufgaben.

	$(-19) - (-13)$	$(+19) - (-13)$	$(+19) - (+13)$	
☐				☐
	$(-19) + (+13)$	$(-19) + (-13)$	$(+19) + (-13)$	

2 Ergänze die Subtraktionsaufgaben, die Rechnungen und die Ergebnisse.

Starthilfe Beispiele im Grundwissen.

a)

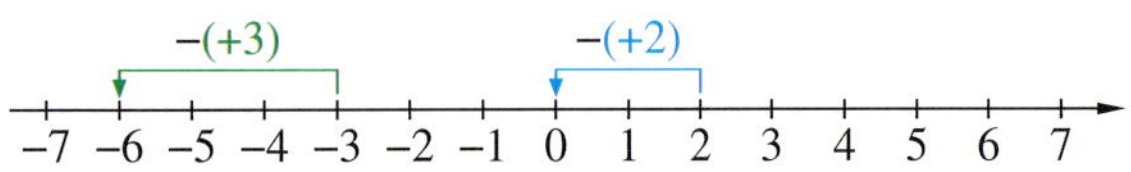

grün: $(-3) - (+3) = (-3) + (-3) =$ ______

blau: $(+2) - (+2) =$ ______

b)

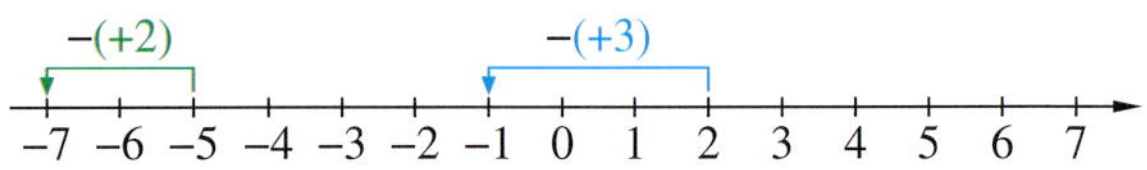

grün: ______

blau: ______

c)

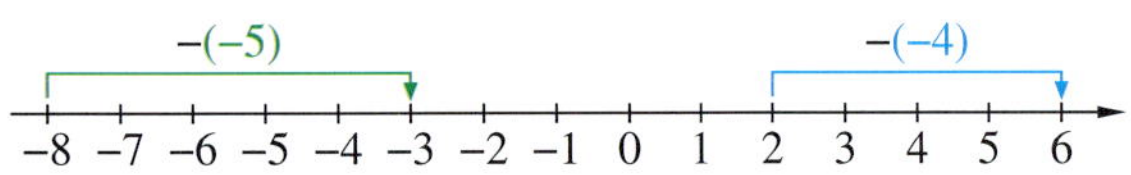

grün: ______

blau: ______

d)

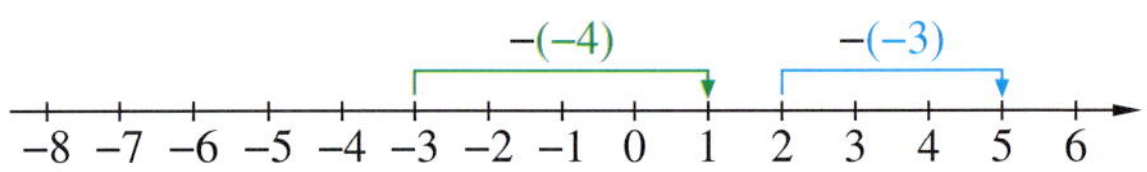

grün: ______

blau: ______

3 Berechne.

Starthilfe Schreibe jeweils erst die Additionsaufgabe auf.

a) (−10) − (−25) = ______ b) (+2) − (+1) = ______

c) (+6) − (−10) = ______ d) (−3) − (+8) = ______

e) (−4) − (−8) = ______ f) (−30) − (+10) = ______

g) (−20) − (−35) = ______ h) (+10) − (+28) = ______

i) (−5,1) − (−4,5) = ______ j) (−9,0) − (+3,2) = ______

4 Schreibe kürzer und berechne.

Starthilfe
(+3) + (+1) = 3 + 1 = 4
(+3) − (−1) = 3 − (−1) = 3 + 1 = 4
(+3) − (+1) = 3 − 1 = 2
(−3) − (−1) = −3 − (−1) = −3 + 1 = −2

a) (+30) − (+10) = ______ b) (−20) − (+5) = ______

c) (+80) − (+9) = ______ d) (−20) − (+7) = ______

e) (−15) − (−5) = ______ f) (−36) − (−16) = ______

g) (+17) − (−8) = ______ h) (+28) − (−28) = ______

i) (+1,7) − (+2,2) = ______ j) (−9,9) − (−5,5) = ______

Anwenden und Vernetzen

5 Ergänze die Tabelle.

Starthilfe

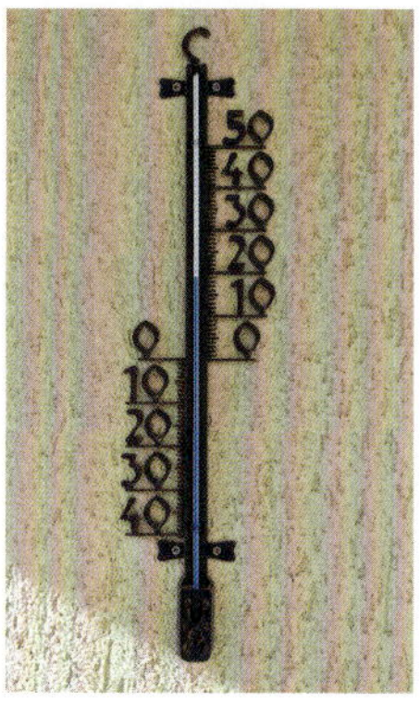

a)

alte Temperatur	Temperaturänderung	neue Temperatur
5 °C	3 Grad wärmer	
−1 °C	2 Grad wärmer	
4 °C	4 Grad kälter	
12 °C	7 Grad kälter	
−3 °C	2 Grad kälter	

b)

alte Temperatur	Temperaturänderung	neue Temperatur
18 °C	12 Grad wärmer	
−6 °C	3 Grad wärmer	
−15 °C	5 Grad wärmer	
31 °C	8 Grad kälter	
−9 °C	6 Grad kälter	

6 Frau Meyers Kontostand war am Monatsanfang −200,00 €.
Im Laufe des Monats gab es nacheinander folgende Kontobewegungen:
eine Einzahlung von 950,00 €, eine Abhebung von 200,00 € am Geldautomaten und Überweisung von 670,00 € für eine unerwartete Autoreparatur.
Wie ist der Kontostand danach?

altes Guthaben	Zahlungseingang oder -ausgang	Verwendungszweck	neues Guthaben
−200,00 €	+950,00 €	Einzahlung	
	−200,00 €	Abhebung	
		Autoreparatur	

______

______

Rationale Zahlen multiplizieren und dividieren

▶ Grundwissen

1. Multipliziere bzw. dividiere ohne Vorzeichen.
2. Bestimme das Vorzeichen des Ergebnisses.
   Es ist negativ (–), wenn beide Zahlen verschiedene Vorzeichen haben.
   Es ist positiv (+), wenn beide Zahlen gleiche Vorzeichen haben.

Beispiele: $+5 \cdot (-2) = 5 \cdot (-2) = -10$ $\quad -24 : (+6) = -24 : 6 = -4$
$-8 \cdot (-2) = +16$ $\quad +18 : (+6) = 18 : 3 = +3$

Trainieren

1 Setze das richtige Vorzeichen ein. **Starthilfe** bei gleichen Vorzeichen „+“ bei verschiedenen Vorzeichen „–“

a) $-2 \cdot (-1) = \square\, 2$ b) $+9 \cdot (+6) = \square\, 54$ c) $-7 \cdot (+4) = \square\, 28$ d) $+8 \cdot (-7) = \square\, 56$

e) $+4 \cdot (-10) = \square\, 40$ f) $-9 \cdot (-5) = \square\, 45$ g) $-9 \cdot (+8) = \square\, 72$ h) $+4 \cdot (+7) = \square\, 28$

i) $+12 \cdot (-4) = \square\, 48$ j) $-100 \cdot 2 = \square\, 200$ k) $4 \cdot (-1{,}1) = \square\, 4{,}4$ l) $1{,}3 \cdot 3 = \square\, 3{,}9$

2 Multipliziere wie im Grundwissen. **Starthilfe** 1. Rechnen 2. Vorzeichen

a) $4 \cdot (-6) =$ ____ b) $-9 \cdot (-8) =$ ____ c) $-5 \cdot 4 =$ ____ d) $13 \cdot 2 =$ ____

e) $-7 \cdot 6 =$ ____ f) $3 \cdot (-7) =$ ____ g) $-8 \cdot (-8) =$ ____ h) $7 \cdot 4 =$ ____

i) $7 \cdot (-5) =$ ____ j) $-8 \cdot (-3) =$ ____ k) $-8 \cdot 6 =$ ____ l) $4 \cdot (-1{,}3) =$ ____

3 Ergänze die Multiplikationstabelle. **Starthilfe** $3 \cdot (-2) = -6$

·	2	–2	5	–5	7	–10	11	–12	20	–100	–1,02
3		–6									
–4											
–5											

4 Dividiere wie im Grundwissen. **Starthilfe** 1. Rechnen 2. Vorzeichen

a) $40 : 10 =$ ____ b) $-9 : 3 =$ ____ c) $-20 : 4 =$ ____ d) $25 : 5 =$ ____

e) $-27 : 3 =$ ____ f) $-33 : 11 =$ ____ g) $-72 : 9 =$ ____ h) $47 : 47 =$ ____

i) $60 : 3 =$ ____ j) $-49 : 7 =$ ____ k) $-64 : 8 = =$ ____ l) $-5{,}6 : 2 =$ ____

5 Ergänze die Ergebnisse. **Starthilfe** Achte auf „·“ und „:“.

a) $40 : (-10) =$ ____ b) $-9 \cdot 3 =$ ____ c) $-32 : (-4) =$ ____ d) $55 : (-5) =$ ____

e) $-21 \cdot 3 =$ ____ f) $33 : (-11) =$ ____ g) $72 : (-9) =$ ____ h) $11 \cdot 11 =$ ____

i) $-210 : 3 =$ ____ j) $48 : (-12) =$ ____ k) $-100 : (-5) =$ ____ l) $7{,}5 : (-5) =$ ____

6 Vervollständige die Multiplikationsmauern.

Starthilfe zur ersten Mauer $2 \cdot (-1) = -2$

a)

54			
−2			
2	−1	−3	1

b)

−4			
−2	−1	1	−2

c)

3 000			
−1	10	1	−3

d)

200			
5	−2	−1	5

e)

−112			
−14			
7			
−7			−2

f)

48 000			
	−200		
		−10	
			−2

Anwenden und Vernetzen

7 12 Schülerinnen und Schüler der Klasse 7 b haben noch 5,00 € Schulden, da sie den Kinobesuch noch nicht bezahlten.
Wie viel Schulden haben alle 12 zusammen?

8 Leni möchte für sich und ihre beiden Zwillingsbrüder mit einem 20-€-Schein Kinokarten kaufen.
Eine Karte kostet jeweils 5 €.
Wie viel Wechselgeld bekommt Leni?

9 Opa Kurt hat seinen fünf Enkeln für einen Ausflug insgesamt 130,00 € geliehen.
Alle fünf Kinder borgten sich dafür gleich viel Geld von ihm.
Wie viel schuldet ihm jeder Enkel?

10 Setze jedes Rechenzeichen einmal ein, sodass das Ergebnis stimmt.
Hinweis: Nutze zum Probieren ein zusätzliches Blatt.

+   −   ·   :

$-2 \;\square\; (-9) \;\square\; (+8) \;\square\; (+2) \;\square\; 2 = 20$

Dreiecksarten erkennen und beschreiben

▶ Grundwissen

Einteilung nach den Seitenlängen

Unregelmäßige Dreiecke haben drei verschieden lange Seiten.

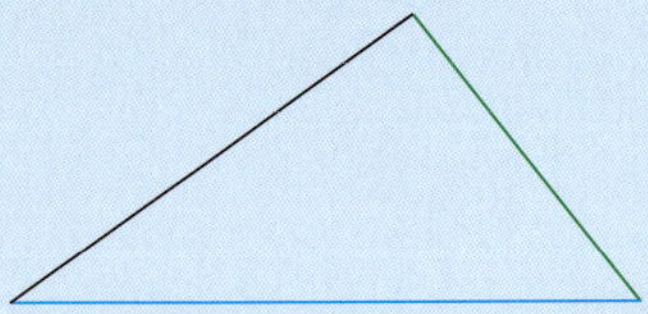

Gleichschenklige Dreiecke haben zwei gleich lange Seiten.

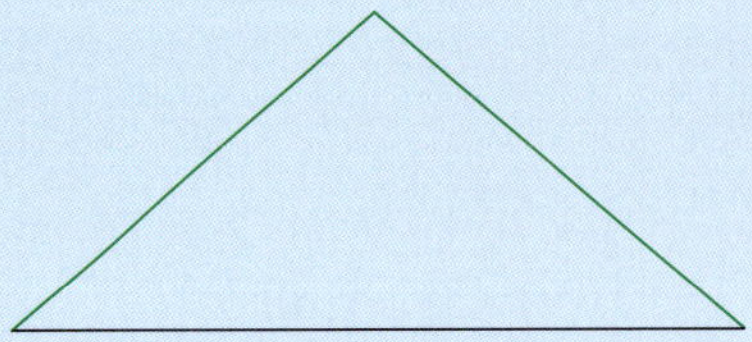

Gleichseitige Dreiecke haben drei gleich lange Seiten.

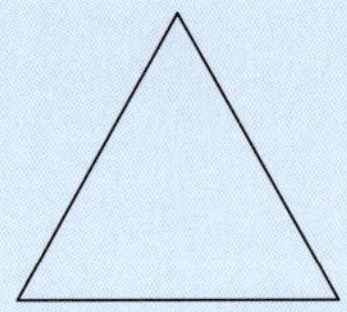

Einteilung nach den Winkelgrößen

Spitzwinklige Dreiecke haben drei spitze Winkel.

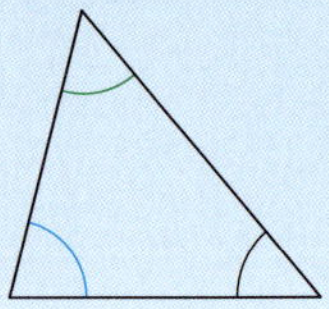

Rechtwinklige Dreiecke haben einen rechten Winkel.

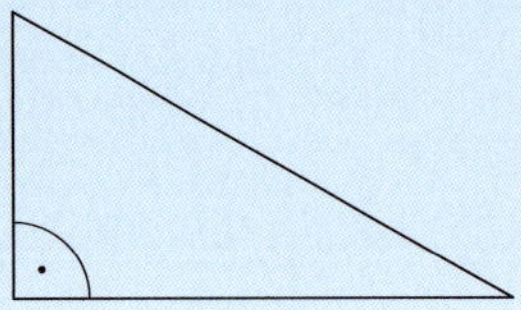

Stumpfwinklige Dreiecke haben einen stumpfen Winkel.

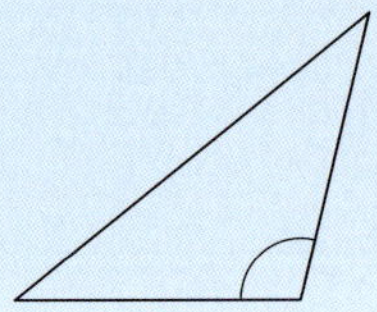

Trainieren

1

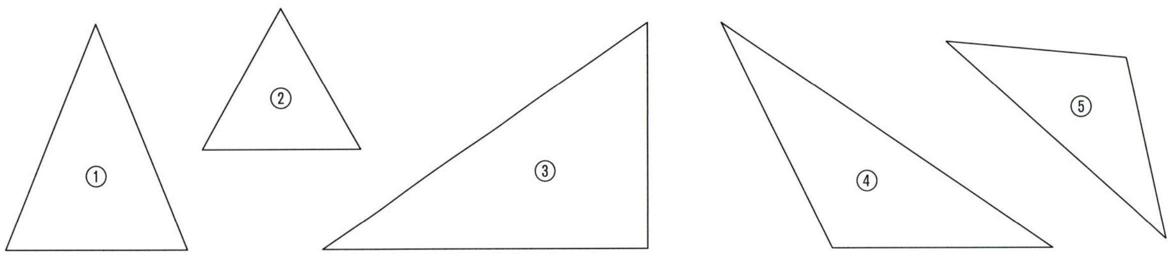

a) Kreuze Zutreffendes in der Tabelle an.

Starthilfe Markiere in einem Dreieck jeweils gleich lange Seiten mit der gleichen Farbe.

Einteilung nach Seiten	①	②	③	④	⑤
unregelmäßiges Dreieck					
gleichschenkliges Dreieck					
gleichseitiges Dreieck					

b) Kreuze Zutreffendes in der Tabelle an.

Starthilfe Markiere jeweils Winkel von 90°, größer als 90° bzw. kleiner als 90°.

Einteilung nach Winkeln	①	②	③	④	⑤
spitzwinkliges Dreieck					
rechtwinkliges Dreieck					
stumpfwinkliges Dreieck					

2 Markiere jeweils mindestens ein Dreieck jeder Dreiecksart.

Starthilfe Markiere Seiten oder Winkel.

a) Einteilung nach Seiten

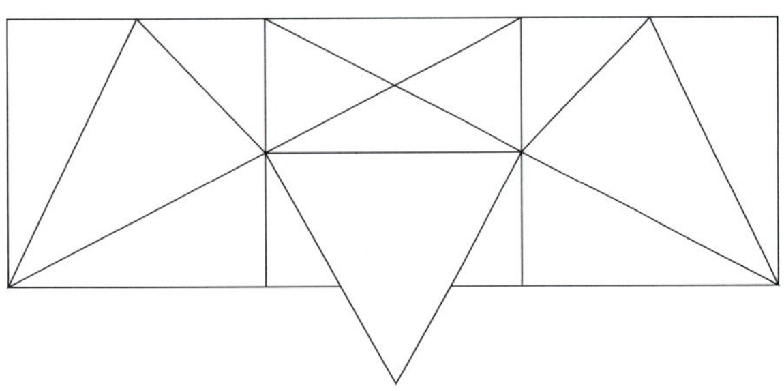

b) Einteilung nach Winkeln

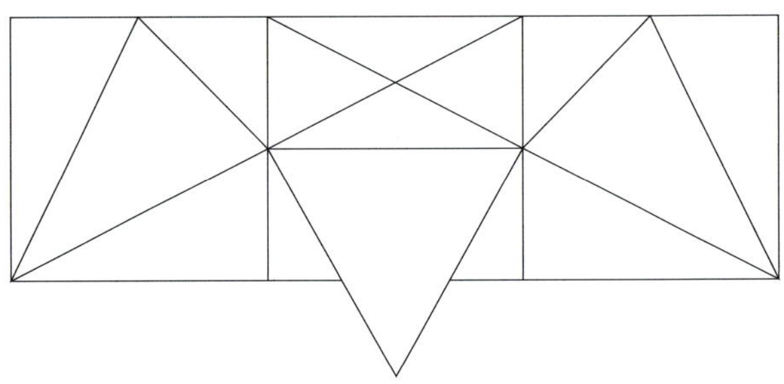

3 Ergänze zu passenden Dreiecken ABC.
Wo gibt es keine Lösung?

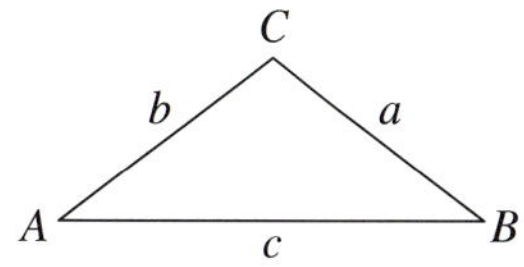

Starthilfe Das Dreieck ABC ist gleichschenklig und stumpfwinklig.

	unregelmäßiges Dreieck	gleichschenkliges Dreieck	gleichseitiges Dreieck
spitzwinkliges Dreieck	A ______	A ______	A ______
rechtwinkliges Dreieck	A ______	A ______	A ______
stumpfwinkliges Dreieck	A ______	A ______	A ______

Anwenden und Vernetzen

4 Die Punkte A, B und C sollen jeweils Ecken eines Dreiecks sein.
Bestimme den passenden Punkt C.

a) Das Dreieck ist rechtwinklig und gleichschenklig.

______

b) Das Dreieck ist stumpfwinklig und unregelmäßig.

______

c) Das Dreieck ist gleichseitig.

______

d) Das Dreieck ist stumpfwinklig und gleichschenklig.

______

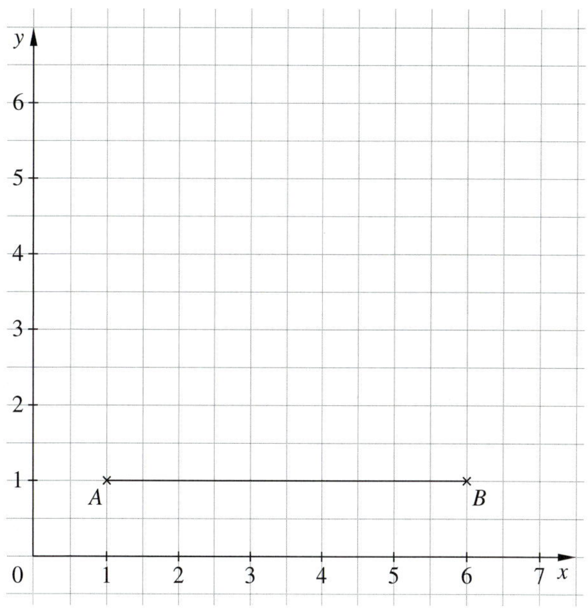

Dreiecke zeichnen – WSW und SWS

▶ Grundwissen

- Wenn zwei Dreiecke in einer Seite und beiden anliegenden Winkeln übereinstimmen, dann sind sie zueinander kongruent (WSW). Die entsprechende Konstruktion ist eindeutig ausführbar.

Beispiel (WSW): Dreieck *ABC* mit $c = 3$ cm; $\alpha = 20°$ und $\beta = 50°$

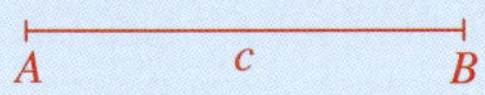

1. Zeichne $c = 3$ cm mit den Punkten *A* und *B*.

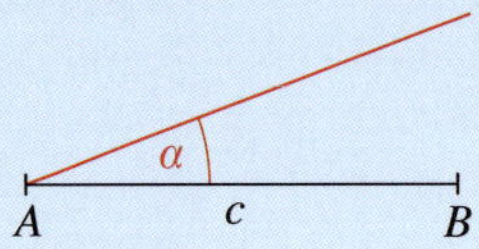

2. Zeichne in *A* an *c* den Winkel $\alpha = 20°$ an.

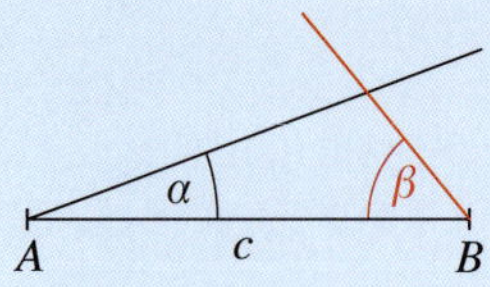

3. Zeichne in *B* an *c* den Winkel $\beta = 50°$ an.

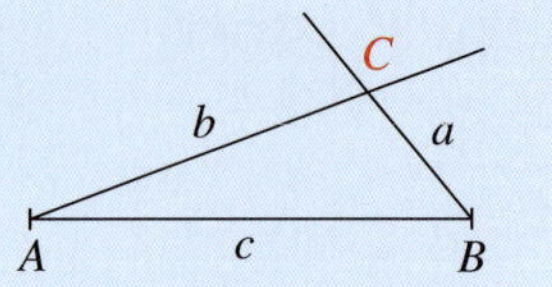

4. Benenne den Schnittpunkt der Schenkel mit *C*.

- Wenn zwei Dreiecke in zwei Seiten und dem eingeschlossenen Winkel übereinstimmen, dann sind sie zueinander kongruent (SWS). Die entsprechende Konstruktion ist eindeutig ausführbar.

Beispiel (SWS): Dreieck *ABC* mit $b = 2{,}5$ cm; $c = 3$ cm und $\alpha = 30°$

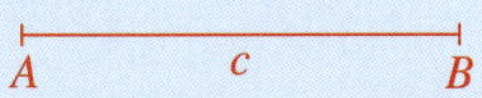

1. Zeichne $c = 3$ cm mit den Punkten *A* und *B*.

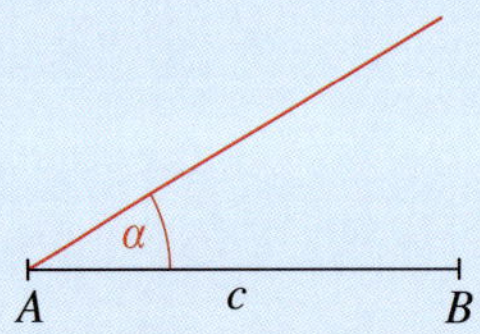

2. Zeichne in *A* an *c* den Winkel $\alpha = 30°$ an.

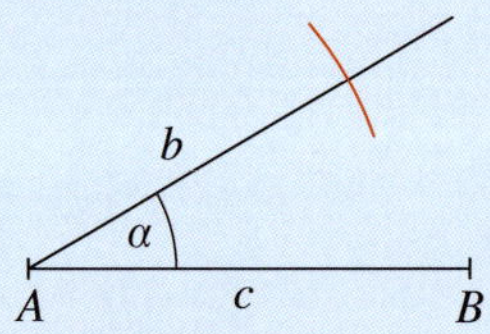

3. Trage an dem freien Schenkel $b = 2{,}5$ cm ab.

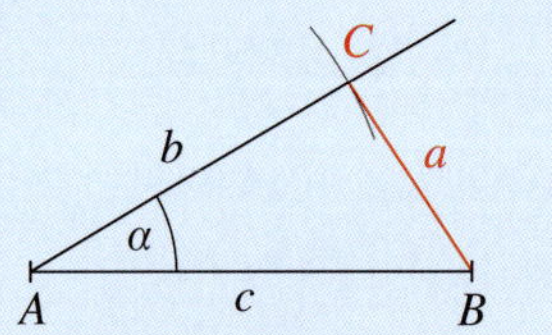

4. Benenne *C* und verbinde *C* mit *A*.

Trainieren

1 Ergänze bzw. zeichne jeweils das Dreieck *ABC*.

Starthilfe Beispiel (WSW) im Grundwissen

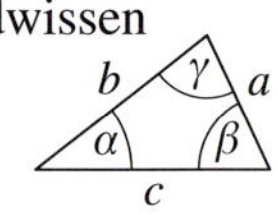

a) $c = 5$ cm; $\alpha = 90°$; $\beta = 40°$

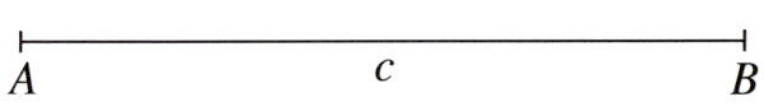

b) $c = 6$ cm; $\alpha = 50°$; $\beta = 50°$

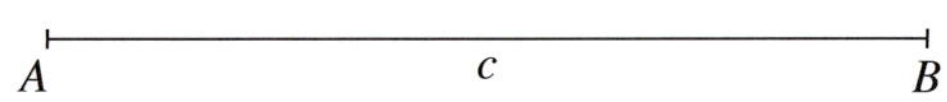

c) $a = 4$ cm; $\beta = 90°$; $\gamma = 30°$

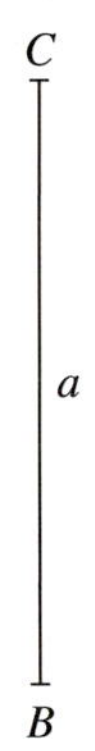

d) $c = 6$ cm; $\alpha = 60°$; $\beta = 50°$

2 Ergänze bzw. zeichne jeweils das Dreieck ABC.

Starthilfe Beispiel (SWS) im Grundwissen

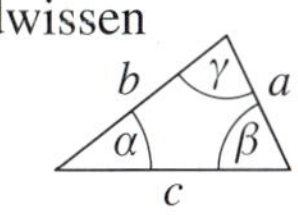

a) $c = 5$ cm; $b = 4$ cm; $\alpha = 40°$

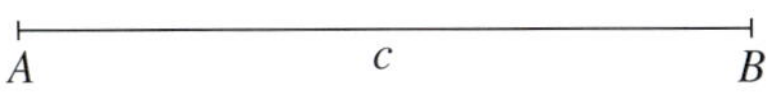

b) $a = 4$ cm; $b = 5$ cm; $\gamma = 90°$

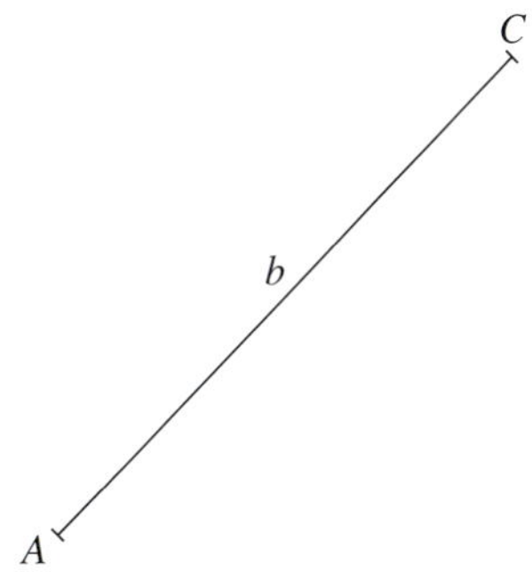

c) $b = 6$ cm; $c = 6$ cm; $\alpha = 50°$

d) $a = 4{,}5$ cm; $c = 4{,}5$ cm; $\beta = 70°$

3 Das Dreieck ABC ist zu zeichnen. Die Konstruktion ist eindeutig ausführbar.

a) Welche Angaben können nach WSW gegeben gewesen sein? Gib alle 3 Möglichkeiten an.

____

____

b) Welche Angaben können nach SWS gegeben gewesen sein? Gib alle 3 Möglichkeiten an.

____

____

$\alpha = 53°$
$\beta = 90°$
$\gamma = 37°$

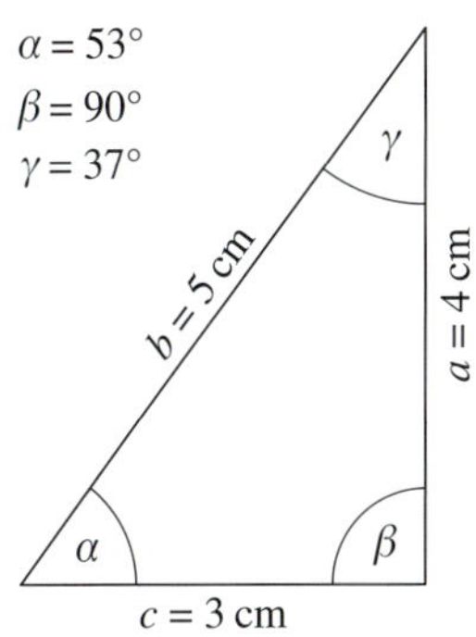

Anwenden und Vernetzen

4 Herr Meister möchte zusammen mit den Kindern eine Finnhütte bauen. Sie soll 4 m breit sein.
Der Neigungswinkel der Wände wird 60° betragen.
Ermittle mithilfe einer Zeichnung die Höhe der Finnhütte.

Starthilfe In der Zeichnung sollte 1 m stets 1 cm entsprechen.

Dreiecke zeichnen – SSS und SsW

Grundwissen

- Wenn zwei Dreiecke in drei Seiten übereinstimmen, dann sind sie zueinander kongruent (SSS). Die entsprechende Konstruktion ist eindeutig ausführbar.

Beispiel (SSS): Dreieck ABC mit $a = 2$ cm; $b = 2{,}5$ cm und $c = 3$ cm

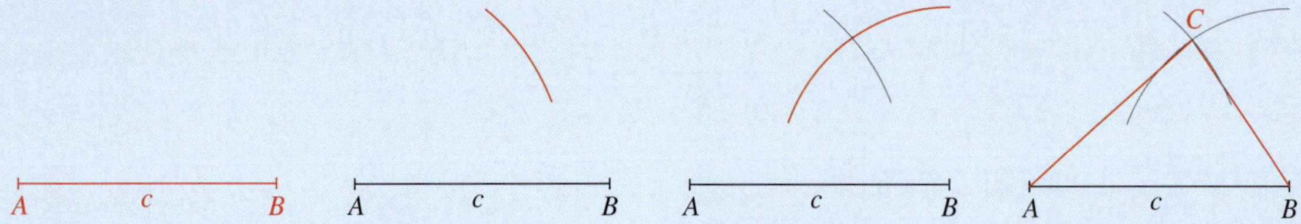

1. Zeichne $c = 3$ cm mit den Punkten A und B.	2. Zeichne um A einen Kreisbogen mit $b = 2{,}5$ cm.	3. Zeichne um B einen Kreisbogen mit $a = 2$ cm.	4. Benenne den Schnittpunkt der Bögen mit C. Verbinde.

- Wenn zwei Dreiecke in zwei Seiten und dem Winkel, der der größeren Seite gegenüberliegt, übereinstimmen, dann sind sie zueinander kongruent (SsW). Die entsprechende Konstruktion ist eindeutig ausführbar.

Beispiel (SsW): Dreieck ABC mit $a = 2$ cm; $c = 4$ cm und $\gamma = 110°$

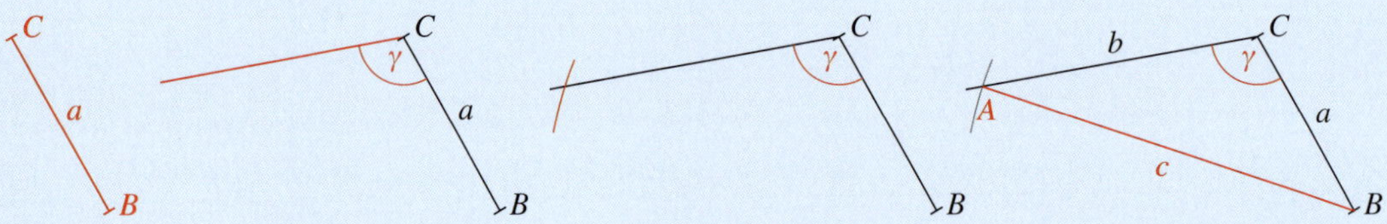

1. Zeichne $a = 2$ cm mit den Punkten B und C.	2. Zeichne in C an a den Winkel $\gamma = 110°$ an.	3. Zeichne um B einen Kreisbogen mit $c = 4$ cm.	4. Benenne den Schnittpunkt mit A. Verbinde.

Trainieren

1 Ergänze bzw. zeichne jeweils das Dreieck ABC.

Starthilfe Beispiel (SSS) im Grundwissen

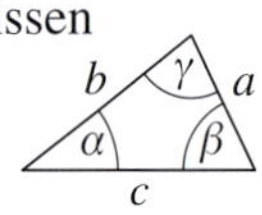

a) $a = 5$ cm; $b = 4$ cm; $c = 6$ cm

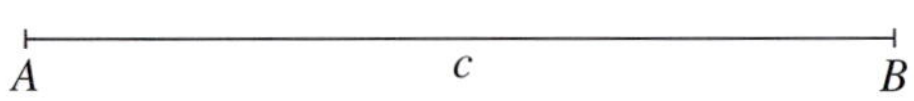

b) $a = 4$ cm; $b = 4$ cm; $c = 4$ cm

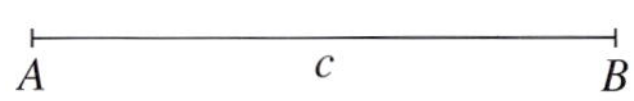

c) $a = 7$ cm; $b = 4$ cm; $c = 6$ cm

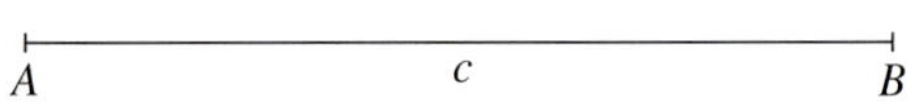

d) $a = 6$ cm; $b = 4$ cm; $c = 5$ cm

2 Ergänze bzw. zeichne jeweils das Dreieck ABC.

Starthilfe Beispiel (SsW) im Grundwissen

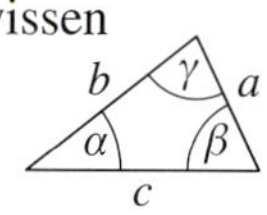

a) $b = 4$ cm; $c = 7$ cm; $\gamma = 135°$

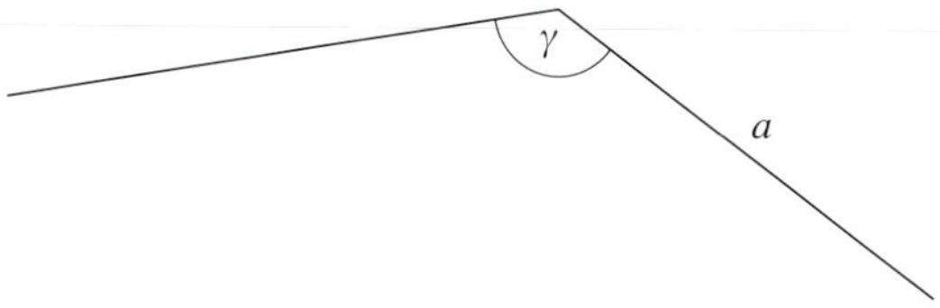

b) $b = 4$ cm; $c = 6$ cm; $\gamma = 100°$

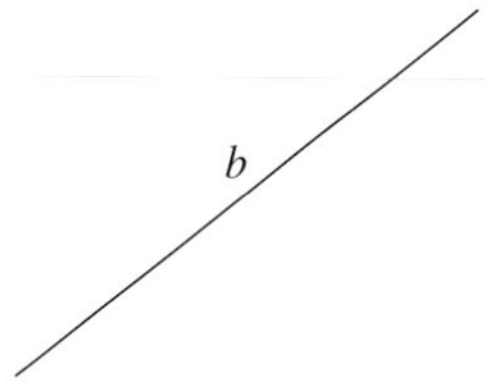

c) $a = 4$ cm; $c = 6$ cm; $\gamma = 90°$

d) $b = 7$ cm; $c = 4{,}5$ cm; $\beta = 120°$

Anwenden und Vernetzen

3 Zwei Seitenlängen und eine Winkelgröße

a) Ein Dreieck mit folgenden Größen war zu zeichnen.
2 cm; 3 cm; 50°

Überprüfe, welche der Zeichnungen richtig sind.

___

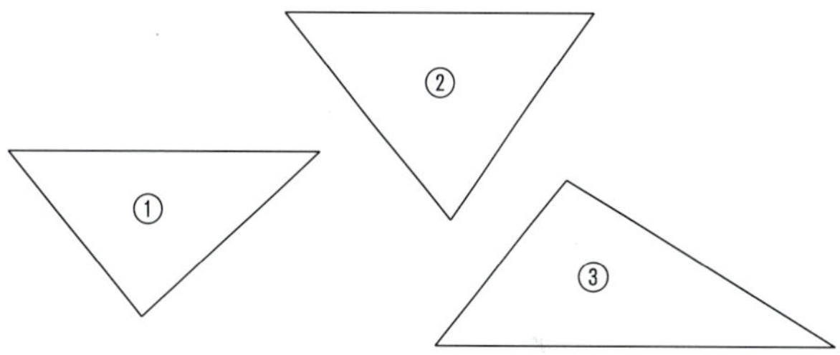

b) Ergänze zu zwei unterschiedlichen Dreiecken mit $a = 3{,}5$ cm und $b = 4$ cm langen Seiten und einem $\alpha = 45°$ großen Winkel.

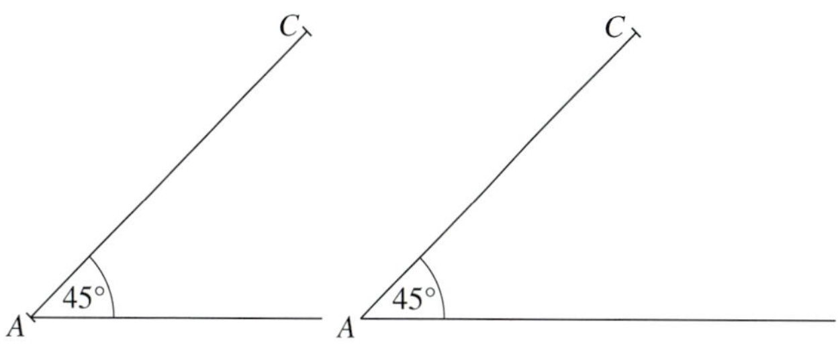

4 Für ein rechteckiges Zimmer mit 8 m Diagonale und 5 m langen Seiten ist Teppich für 10 € pro m^2 zu kaufen. Reichen 300 € zum Kauf des Teppichs?

Starthilfe Ergänze zuerst die Angaben in der Skizze.
Zeichne danach (1 cm für 1 m).
Miss die Länge der zweiten Seite.

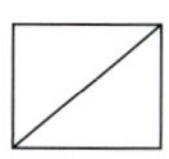

___

___

___

Zuordnungen erkennen und beschreiben

▶ Grundwissen

- Bei Zuordnungen wird einem Wert aus einem Bereich ein Wert aus einem anderen Bereich zugeordnet.
- Eine Zuordnung kann beschrieben werden mit Worten, Tabellen, Diagrammen, …

Beispiel: Anzahl der Karten → Preis in €

Anzahl der Karten	2	4	6	8
Preis in €	10	20	30	40

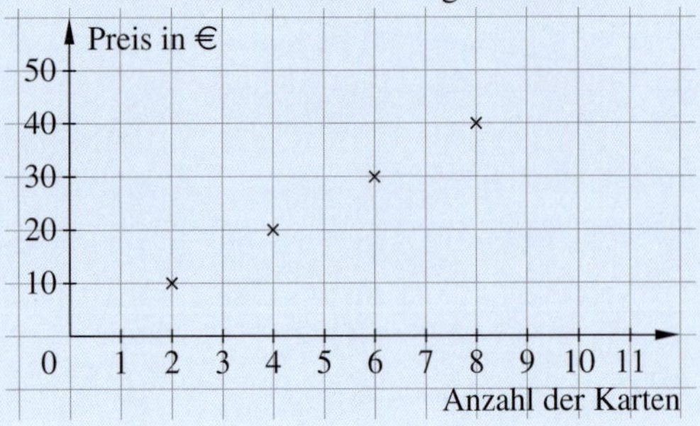

Trainieren

1 Bilde mit den Vorgaben jeweils eine sinnvolle Zuordnung.

Starthilfe Tag → Datum (Steht für: „Einem Tag kann ein Datum zugeordnet werden.“)

Farbe	Länge	Nummer	Nachfolger	Preis	Wertepaar

a) Haus → ______

b) Brot → ______

c) Auto → ______

d) Zahl → ______

e) Strecke → ______

f) Punkt → ______

2 Bilde drei zum Konzertticket passende Zuordnungen.

Starthilfe 23.03.2020 → 19:00 (Datum → Anfangszeit)

______

______

______

3 Ergänze die Tabellen.

Starthilfe zu a) Wertepaar: 7 → 8 zu b) Wertepaar: 5 → 15

a) Zahl → Nachfolger

Zahl	7	12	77	99	159
Nachfolger	8				

b) Zahl → Dreifache

Zahl	5	9	12	15	40
Dreifache	15				

c) Monat → Zahl

Monat	März	April	Mai	Juni	Juli
Zahl	3				

d) Einheit → Symbol (Kurzzeichen)

Einheit	Meter	Stunde	Tonne	Liter	Minute
Symbol	m				

e) Zahl → Gegenzahl (Zahl mit gleichem Abstand zu 0)

Zahl	−7	5	17	−9	59
Gegenzahl	7				

f) Zahl → Quadratzahl

Zahl	4	6	7	9	10
Quadratzahl	16				

4 Ergänze.

Starthilfe Wertepaar: 1 Brötchen → 0,30 €

a) Bäckerbrötchen

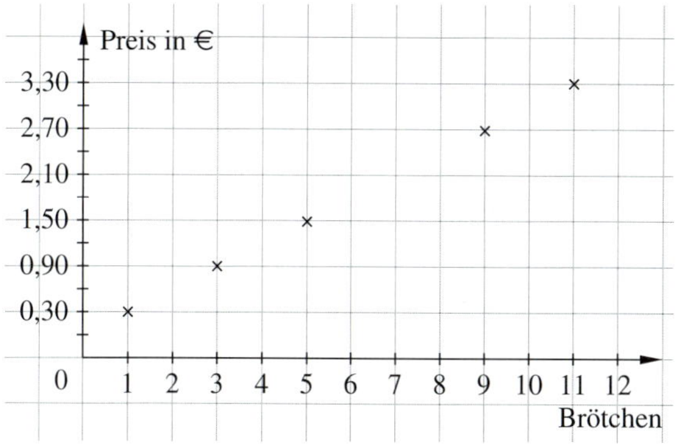

b) Tankanzeige

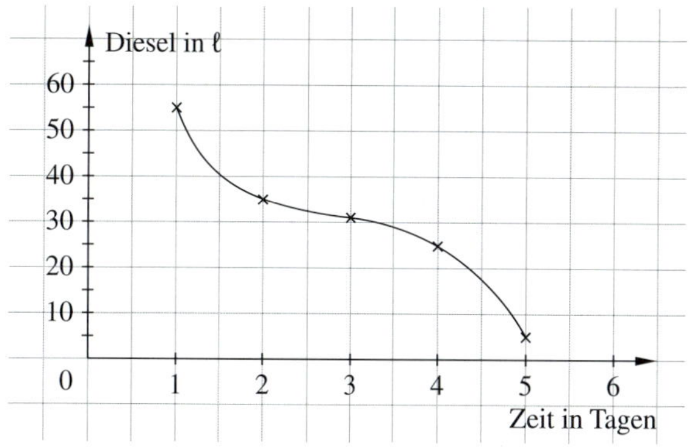

Brötchen → ______________________

Brötchen	1	3	5	9	11
Preis in €	0,30				

____

Zeit in Tagen	1	2	3	4	5
Diesel in l					

Anwenden und Vernetzen

5 Temperaturverlauf

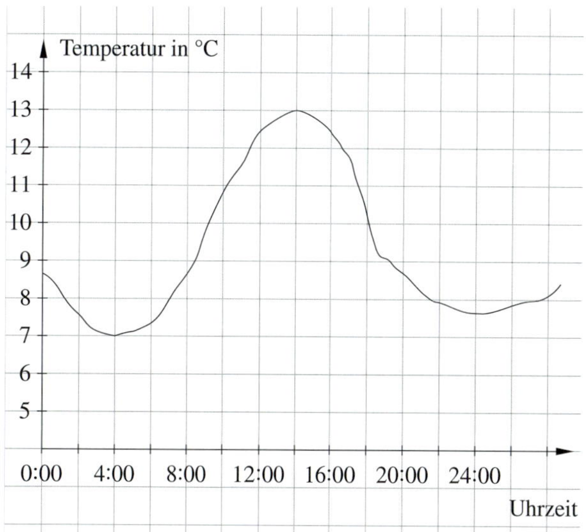

a) Ergänze.

Uhrzeit → ______________________

b) Lies die einander zugeordneten Wertepaare ab.

4:00 → ________ 10:00 → ________

14:00 → ________ 18:00 → ________

c) Von wann bis wann fiel die Temperatur?

____

____

d) Von wann bis wann stieg die Temperatur?

____

e) Wie lange wurde die Temperatur gemessen?

____

f) Ermittle den Abstand zwischen der höchsten und niedrigsten gemessenen Temperatur.

____

g) Skizziere im Diagramm den gestrigen Temperaturverlauf in deinem Wohnort.
Hinweis: Suche im Internet passende Angaben.

Dreisatz bei proportionalen Zuordnungen

▶ Grundwissen

- Bei proportionalen Zuordnungen folgt aus der Verdopplung, Verdreifachung ... einer Größe die Verdopplung, Verdreifachung ... der zugeordneten Größe.
- Dreisatz
  1. Schritt: Aufschreiben der gegebenen Größen.
  2. Schritt: Schluss auf Eins.
  3. Schritt: Schluss auf das Gesuchte.

Beispiel: Drei Eiskugeln kosten 2,70 €.
Wie viel kosten zwei Eiskugeln?

	Eiskugeln	Preis in €	
: 3	3	2,70	: 3
· 2	1	0,90	· 2
	2	1,80	

1,80 € kosten zwei Eiskugeln.

Trainieren

1 Ergänze mithilfe des Dreisatzes.

Starthilfe Rechne wie im Beispiel im Grundwissen.

a) Sieben Karten kosten 35 €.
Wie viel kosten drei Karten?

	Karten	Preis in €	
: 7	7	35	___
· 3	1	5	___
	3		

___ € kosten drei Karten.

b) Vier Bücher einer Reihe kosten 36 €.
Wie viel kosten fünf Bücher der Reihe?

	Bücher	Preis in €	
___	4	36	___
___	1		___
	5		

___ € kosten fünf Bücher der Reihe.

c) Vier Hocker kosten 60 €.
Wie viel kosten drei Hocker?

	Hocker	Preis in €	
___	4	60	___
___			___
	3		

___ € kosten drei Hocker.

d) Zehn Tische reichen für 40 Schüler.
Für wie viele Schüler reichen zwölf Tische?

	Tische	Schüler	
___			___
___			___

Für ___ Schüler reichen zwölf Tische.

e) Vier Eiskugeln kosten 3,20 €.
Wie viel kosten fünf Eiskugeln?

	Eiskugeln	Preis in €	
___			___
___			___

___ € kosten fünf Eiskugeln.

f) Sieben Brötchen kosten 2,80 €.
Wie viel kosten neun Brötchen?

___			___
___			___

___ € kosten neun Brötchen.

2 Ergänze zuerst die Tabellen zu proportionalen Zuordnungen.
Berechne danach zur Kontrolle jeweils die Quotienten einander zugeordneter Werte. Sie müssen jeweils gleich sein.

Starthilfe 2,70 : 3 = 0,9; 0,90 : 1 = 0,9; 1,80 : 2 = 0,9 (Quotienten der Werte im Grundwissen)

a)

Fahrstrecke in km	Fahrzeit in min
30	60
14	

b)

Parkett in m^2	Preis in €
5	100
12	

c)

Länge der Eisenstange in m	Masse in kg
5	15
3	

d)

Super in l	Preis in €
20	30,00
50	

3 Ein Auto verbraucht auf einer 300 km langen Strecke 18 l Super.
Wie viel Liter verbraucht das Auto auf einer Strecke von 700 km?

Anwenden und Vernetzen

4 Ein Wasserhahn ist nicht richtig zu. In je zwei Stunden werden somit 200 ml Wasser vergeudet.

a) Wie viele Stunden würde es dauern, bis ein darunter stehender 1,2-l-Becher gefüllt ist?

Starthilfe 1 l = 1 000 ml 1 h = 60 min

b) Ergänze zuerst die Tabelle für einen zweiten Wasserhahn. Veranschauliche danach die Wasservergeudung im Koordinatensystem.

Zeit in h	1	4	10	24
Wasser in l	0,3			

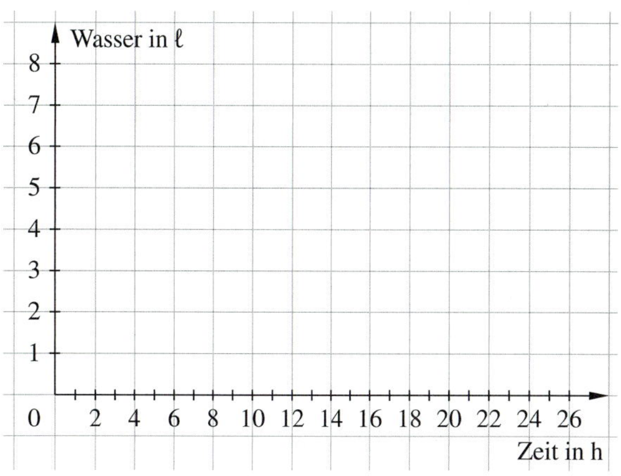

Dreisatz bei antiproportionalen Zuordnungen

▶ Grundwissen

- Bei antiproportionalen Zuordnungen folgt aus der Halbierung, Drittelung, ... einer Größe die Verdopplung, Verdreifachung, ... der zugeordneten Größe.
- Dreisatz
  1. Schritt: Aufschreiben der gegebenen Größen.
  2. Schritt: Schluss auf Eins.
  3. Schritt: Schluss auf das Gesuchte.

Beispiel: Für zwei Pferde reicht das Futter 45 Tage. Wie lange reicht es für 9 Pferde?

	Pferde	Tage	
:2	2	45	·2
·9	1	90	:9
	9	10	

10 Tage reicht das Futter für 9 Pferde.

Trainieren

1 Ergänze mithilfe des Dreisatzes.

Starthilfe Rechne wie im Beispiel im Grundwissen.

a) Für 7 Pferde reicht das Futter 10 Tage. Wie lange reicht es für 5 Pferde?

	Pferde	Tage	
:7	7	10	___
·5	1	70	___
	5		

___ Tage reicht das Futter für 5 Pferde.

b) Für 9 Pferde reicht das Futter 20 Tage. Wie lange reicht es für 30 Pferde?

	Pferde	Tage	
___	9	20	___
___	1		___
	30		

___ Tage reicht das Futter für 30 Pferde.

c) Für 4 Pferde reicht das Futter 20 Tage. Wie lange reicht es für 10 Pferde?

	Pferde	Tage	
___	4		___
___	1		___
	10		

___ Tage reicht das Futter für 10 Pferde.

d) Für 5 Pferde reicht das Futter 8 Tage. Wie lange reicht es für 4 Pferde?

	Pferde	Tage	
___			___
___			___

___ Tage reicht das Futter für 4 Pferde.

e) Jedes von 5 Kindern erhält 6 Bonbons. Wie viele Bonbons bekämen 3 Kinder?

	Kinder		
___			___
___			___

Je ___ Bonbons bekämen 3 Kinder.

f) 4 gleiche Pumpen leeren ein Becken in 9 Stunden. Wie viele der Pumpen leeren das Becken in 6 Stunden?

___			___
___			___

___ der Pumpen leeren das Becken in 6 Stunden.

2 Ergänze zuerst die Tabellen zu antiproportionalen Zuordnungen.
Berechne danach zur Kontrolle jeweils die Produkte einander zugeordneter Werte. Sie müssen jeweils gleich sein.

Starthilfe $2 \cdot 45 = \underline{90}$; $1 \cdot 90 = \underline{90}$; $9 \cdot 10 = \underline{90}$ (Produkte der Werte im Grundwissen)

a)

Anzahl der Arbeiter	Arbeitsdauer in Stunden
5	4
2	

b)

Geschwindigkeit in km/h	Fahrzeit in Stunden
30	2
50	

c)

Anzahl der Lkw	Anzahl der Fuhren
4	9
6	

d)

Anzahl der Reihen	Stuhlanzahl je Reihe
36	2
9	

3 Eine Leiste soll in gleich lange Teile zerlegt werden.
Bei sechs Teilen wäre jedes Teil 40 cm lang.
Wie lang wäre jedes Teil, wenn acht Teile entstehen sollen?

4 Eine Tüte Fruchtgummis wird auf 4 Kinder verteilt. Jedes erhält 12.
Wie viele Fruchtgummis hätte jeder erhalten,
wenn es 6 Kinder gewesen wären?

Kinder	4	1	6
Fruchtgummis			

Anwenden und Vernetzen

5 Proportional (p), antiproportional (ap) oder nicht proportional (np)? Kreuze an.

Starthilfe Eselsbrücke für proportionale Zuordnungen: „Je mehr, desto mehr!"
Eselsbrücke für antiproportionale Zuordnungen: „Je mehr, desto weniger!"

Vorsicht Stolperstelle!

Je mehr Gläser eines Saftes man in einem Restaurant bestellt, desto mehr ist zu bezahlen. ☐ p ☐ ap ☐ np
Je mehr Lose Herr Meyer kauft, desto größer ist der Gewinn. ☐ p ☐ ap ☐ np
Je weniger Kühe im Stall stehen, desto länger reicht der Futtervorrat. ☐ p ☐ ap ☐ np

6 Für eine Schule werden 500 Arbeitshefte verpackt.
Unterschiedlich große Pakete stehen dafür zur Wahl.
Ermittle die jeweils benötigte Anzahl an Paketen.

Arbeitshefte in einem Paket	500	250	100	50	25
Anzahl der Pakete	1				

Mittelsenkrechte

▶ Grundwissen

- Auf der Mittelsenkrechten m einer Strecke $\overline{AB}$ liegen alle Punkte, die von den Punkten *A* und *B* den gleichen Abstand haben.
  Die Mittelsenkrechte *m* halbiert die Strecke $\overline{AB}$.
- Konstruktion der Mittelsenkrechten m einer Strecke $\overline{AB}$
  1. Zeichne je einen Kreis mit gleichem Radius um die Punkte *A* und *B*, dessen Radius *r* größer ist als die Hälfte von $\overline{AB}$.
     Die beiden Kreise schneiden einander in den Punkten *P* und *Q*.
  2. Zeichne eine Gerade *m* durch *P* und *Q*.

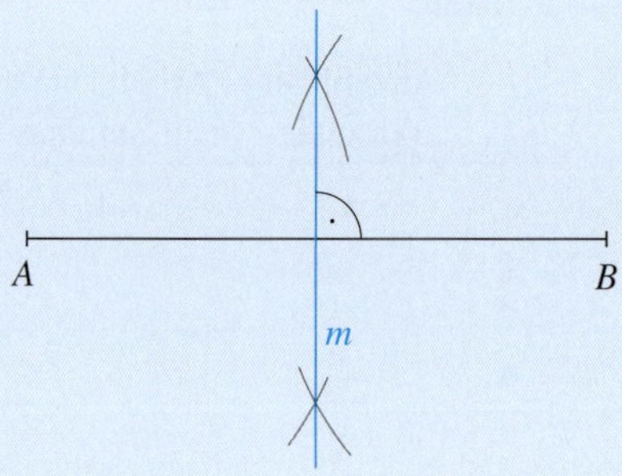

Trainieren

1 Kreuze Zutreffendes an.

Starthilfe Überprüfe jeweils mit dem Geodreieck.

a)

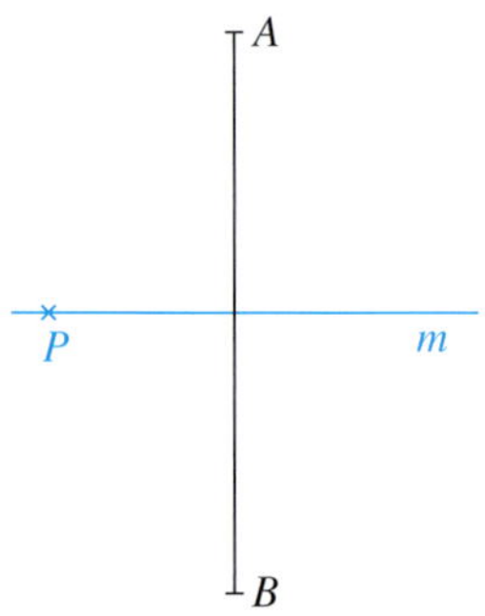

☐ *m* halbiert $\overline{AB}$.
☐ *m* ist senkrecht zu $\overline{AB}$.
☐ *m* ist Mittelsenkrechte.
☐ *P* hat gleichen Abstand zu *A* und *B*.

b)

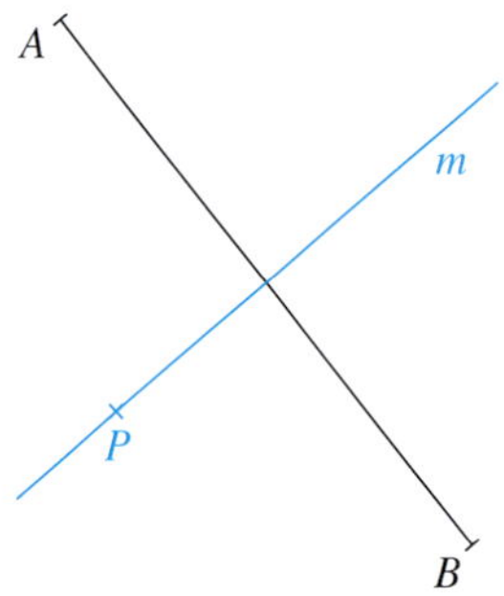

☐ *m* halbiert $\overline{AB}$.
☐ *m* ist senkrecht zu $\overline{AB}$.
☐ *m* ist Mittelsenkrechte.
☐ *P* hat gleichen Abstand zu *A* und *B*.

c)

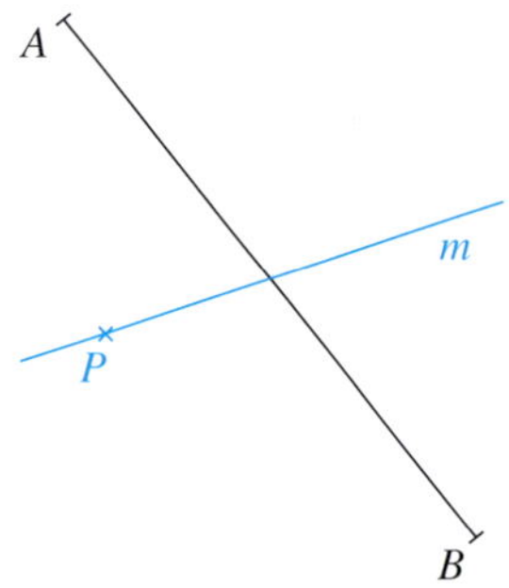

☐ *m* halbiert $\overline{AB}$.
☐ *m* ist senkrecht zu *C*.
☐ *m* ist Mittelsenkrechte.
☐ *P* hat gleichen Abstand zu *A* und *B*.

d)

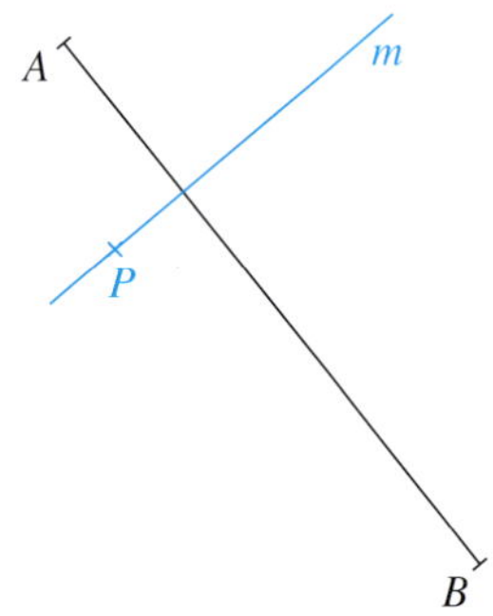

☐ *m* halbiert $\overline{AB}$.
☐ *m* ist senkrecht zu $\overline{AB}$.
☐ *m* ist Mittelsenkrechte.
☐ *P* hat gleichen Abstand zu *A* und *B*.

2 Konstruiere die Mittelsenkrechte *m* mit Zirkel und Lineal (ohne Unterteilung).

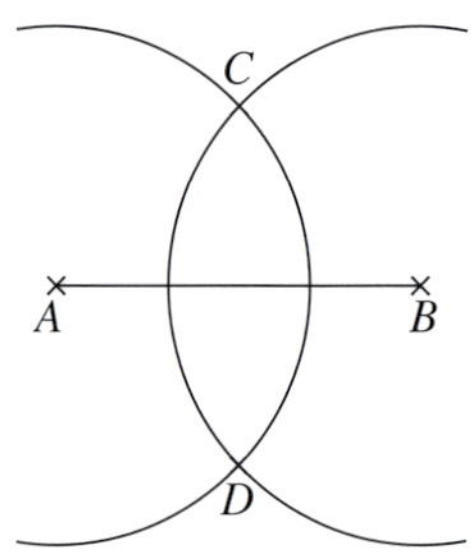

Starthilfe
1. Zeichne je einen Kreis um *A* und *B*.
2. Zeichne eine Gerade *m* durch die Schnittpunkte.

a)

b)

3 Konstruiere jeweils zuerst mit Zirkel und Lineal (ohne Unterteilung) die Mittelsenkrechte m.
Überprüfe danach dein Ergebnis mit dem Geodreieck.

Starthilfe
1. Kreise
2. Gerade m

a)

b)

c)

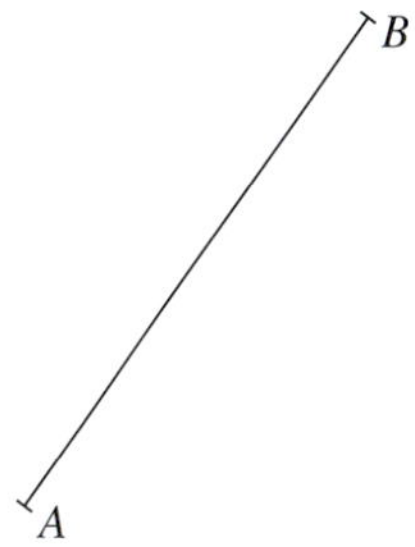

d)

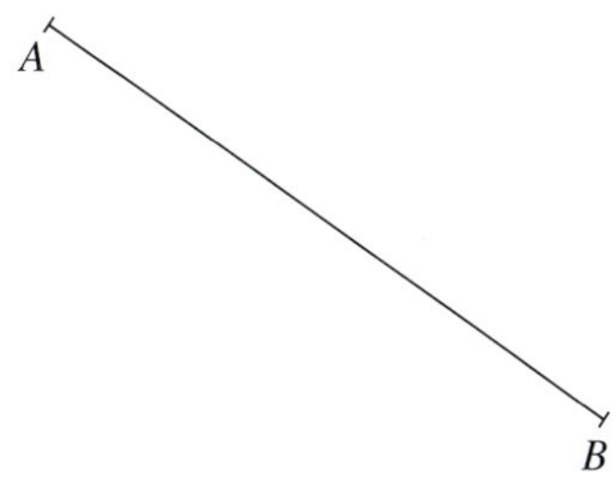

4 Ermittle jeweils mit Zirkel und Lineal (ohne Unterteilung) die Mittelpunkte von $\overline{AB}$.

Starthilfe
1. Kreise
2. Punkt auf $\overline{AB}$

a)

b)

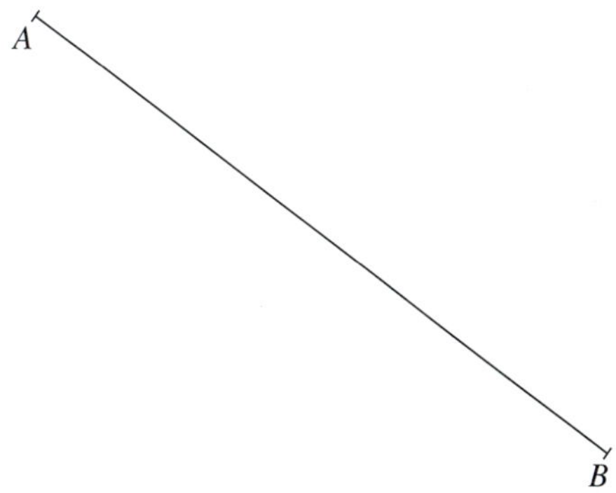

Anwenden und Vernetzen

5 Ein Rettungshubschrauber soll so stationiert werden, dass er die drei eingezeichneten Orte gleich schnell erreichen kann.

a) Schlage ein Feld für den Standort vor. ______

b) Begründe deine Entscheidung.

____

____

____

____

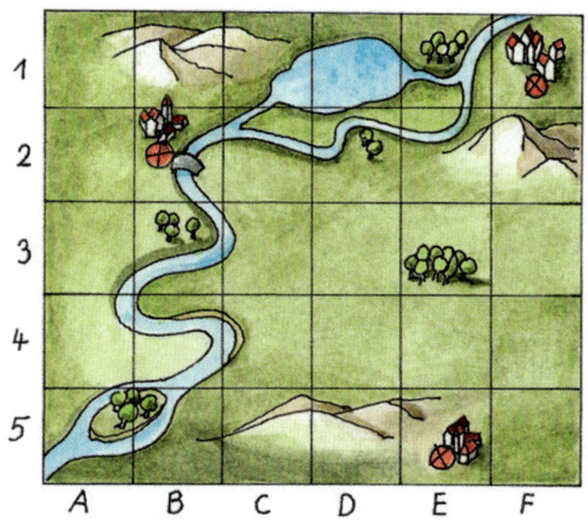

Winkelhalbierende

▶ Grundwissen

- Auf der Winkelhalbierenden w_α eines Winkels α liegen alle Punkte, die von den Schenkeln des Winkels den gleichen Abstand haben. Die Winkelhalbierende w_α halbiert den Winkel α.
- Konstruktion der Winkelhalbierenden w_α eines Winkels α
  1. Zeichne einen Kreis um den Scheitelpunkt A des Winkels α. Der Kreis schneidet die Schenkel in den Punkten B und C.
  2. Zeichne je einen Kreis mit gleichem Radius um die Punkte B und C, dessen Radius r größer ist als die Hälfte von $\overline{BC}$. Die beiden Kreise schneiden einander in dem Punkt D.
  3. Zeichne die Gerade w_α durch die Punkte A und D.

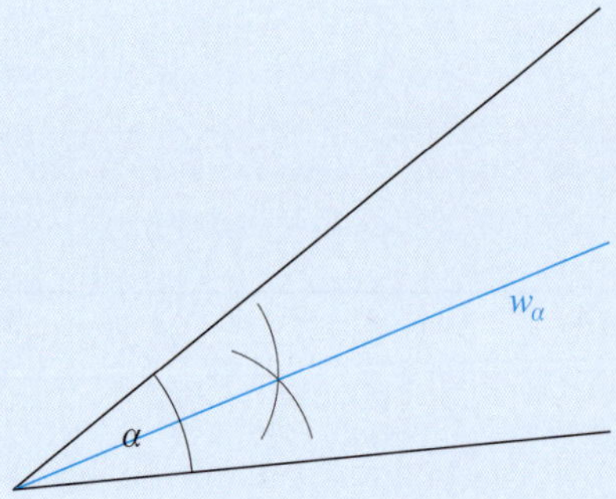

Trainieren

1 Ist w die Winkelhalbierende des Winkels? Kreuze an.

Starthilfe Nutze, wenn möglich, ein Geodreieck.

a)

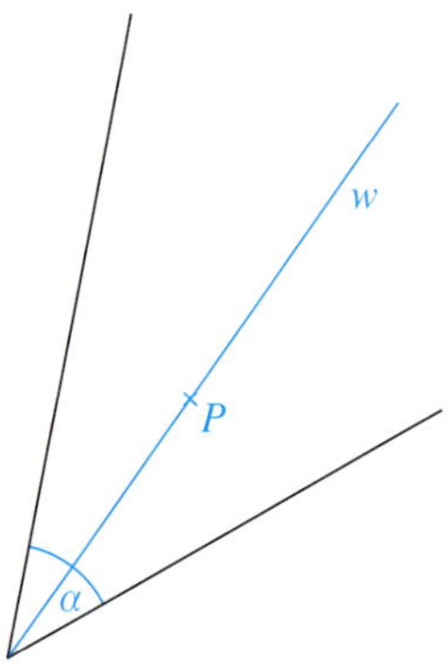

☐ w ist Winkelhalbierende.

☐ P hat gleichen Abstand zu beiden Schenkeln.

b)

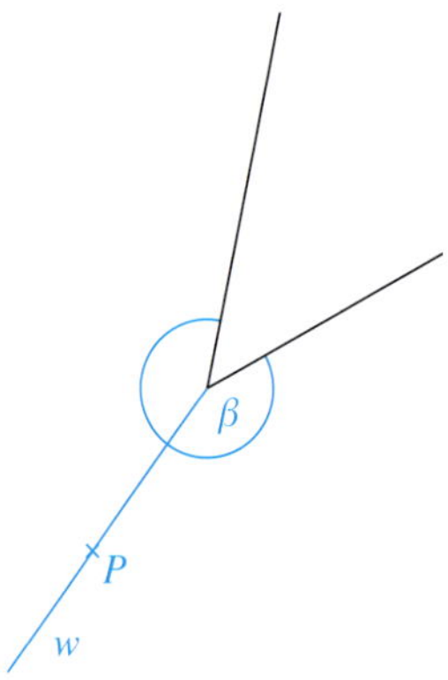

☐ w ist Winkelhalbierende.

☐ P hat gleichen Abstand zu beiden Schenkeln.

c)

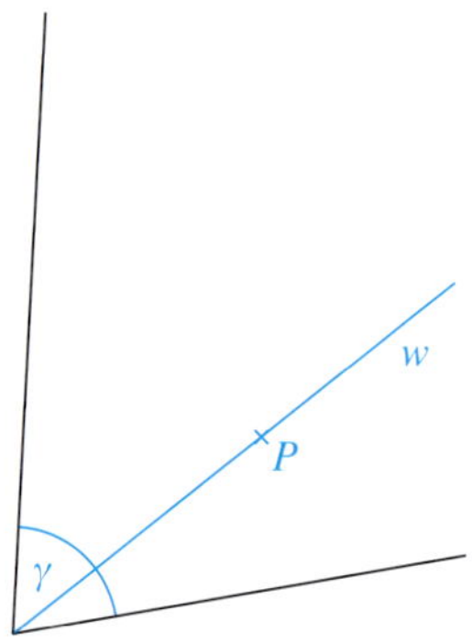

☐ w ist Winkelhalbierende.

☐ P hat gleichen Abstand zu beiden Schenkeln.

d)

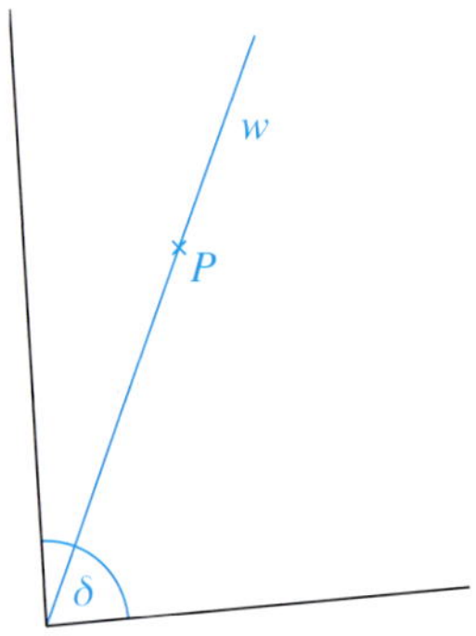

☐ w ist Winkelhalbierende.

☐ P hat gleichen Abstand zu beiden Schenkeln.

2 Konstruiere jeweils die Winkelhalbierende w des Winkels α mit Zirkel und Lineal (ohne Unterteilung).

Starthilfe
1. Zeichne einen Kreis um A. Die Schnittpunkte mit den Schenkeln sind B und C.
2. Zeichne je einen Kreis mit gleichem Radius um C und B. Zeichne einen Strahl von A durch den Schnittpunkt D.

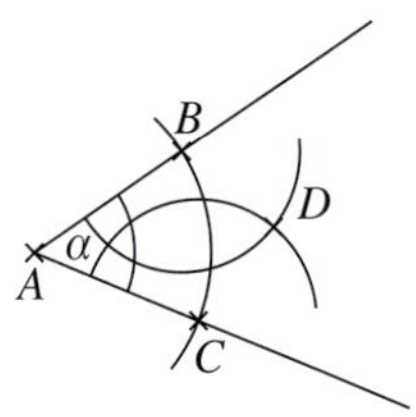

a)

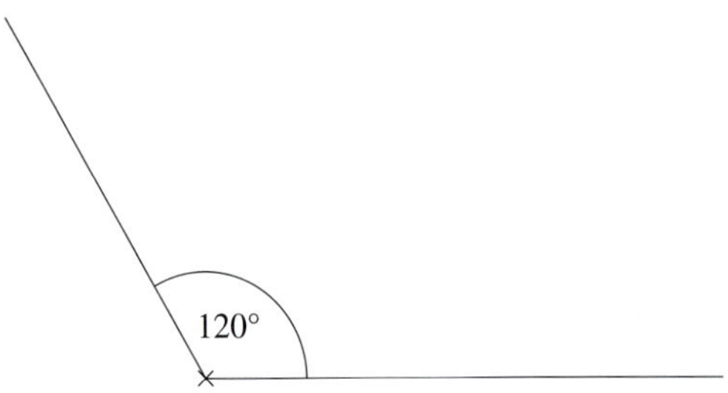

b)

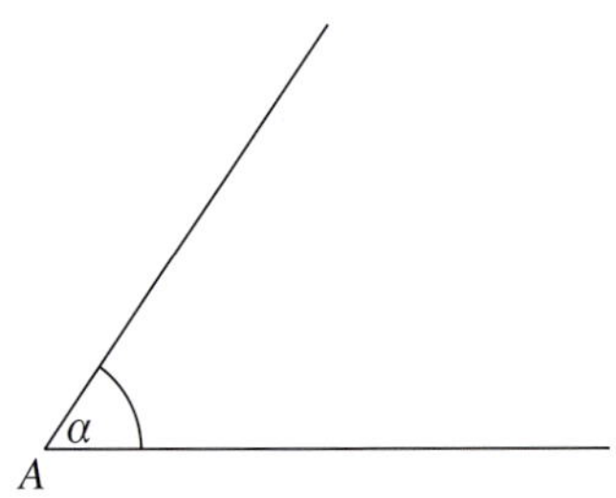

3 Konstruiere jeweils zuerst mit Zirkel und Lineal (ohne Unterteilung) die Winkelhalbierende w.
Ermittle danach mit dem Geodreieck zur Kontrolle den Winkel α und den halben Winkel $\left(\frac{\alpha}{2}\right)$.

Starthilfe
1. Kreis
2. Kreise und Gerade

a)

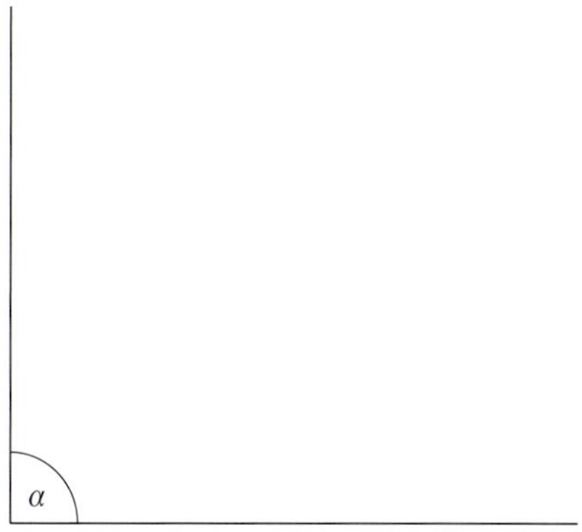

$\alpha =$ ________ $\frac{\alpha}{2} =$ ________

b)

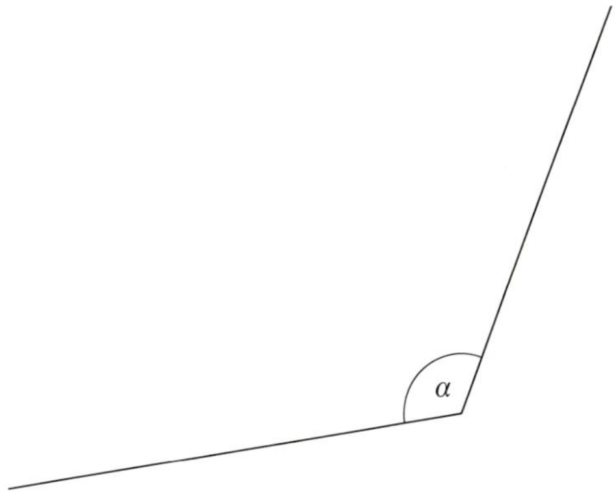

$\alpha =$ ________ $\frac{\alpha}{2} =$ ________

c)

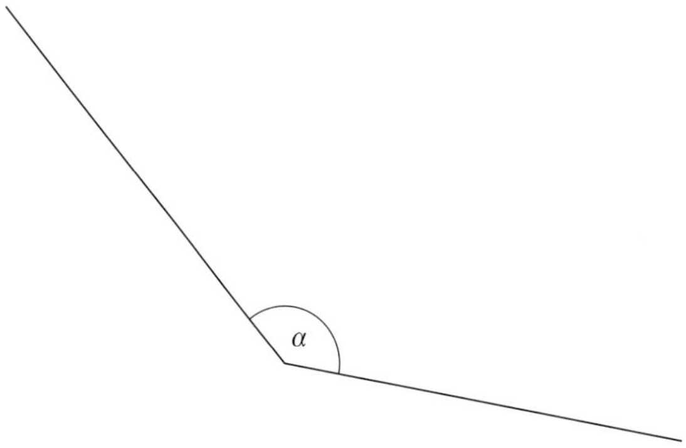

$\alpha =$ ________ $\frac{\alpha}{2} =$ ________

d)

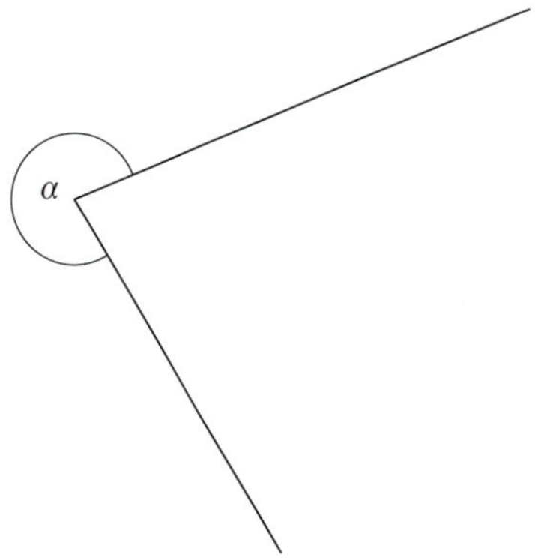

$\alpha =$ ________ $\frac{\alpha}{2} =$ ________

Anwenden und Vernetzen

4 Noah sagt: „Wer den Schnittpunkt der Winkelhalbierenden der Innenwinkel des Dreiecks kennt, kann darum einen Kreis zeichnen, der jede Seite des Dreiecks in genau einem Punkt berührt."

Überprüfe, ob dies für dieses Dreieck gilt.
Hinweis: Zeichne auf ein zusätzliches Blatt unterschiedliche Dreiecke. Überprüfe, ob der Satz für diese gilt.

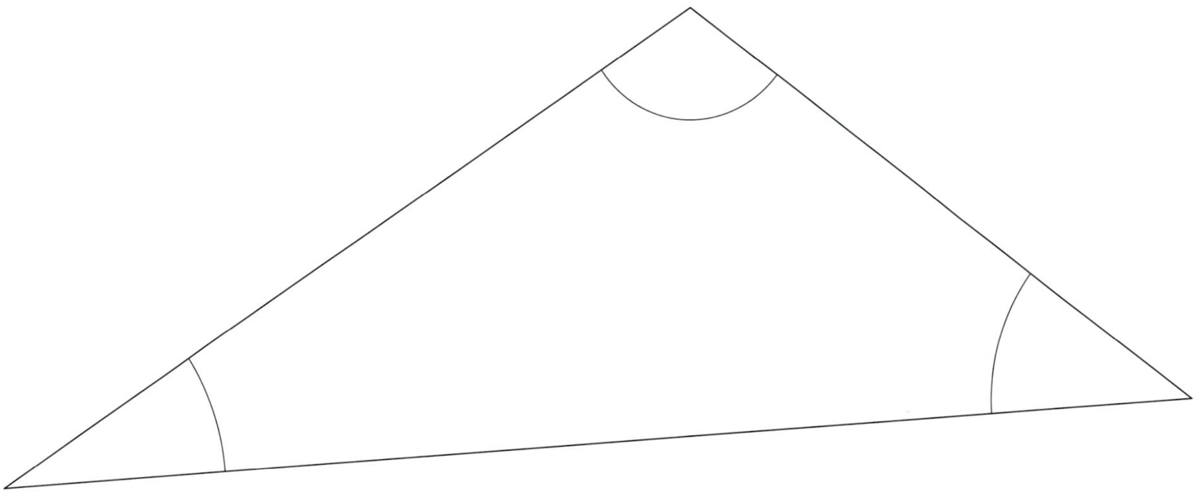

Verschiebung

▶ Grundwissen

- Bei einer Verschiebung wird jeder Punkt des Originals (der Ausgangsfigur) gleich weit in die gleiche Richtung verschoben.
- Die Richtung und Länge der Verschiebung werden durch den Verschiebungspfeil angegeben.
- Das Original und die Bildfigur sind zueinander deckungsgleich (kongruent).

Beispiel:

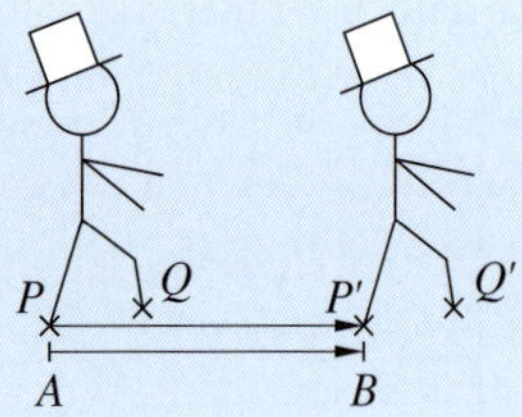

Trainieren

1 Verschiebung und Verschiebungspfeil

Starthilfe

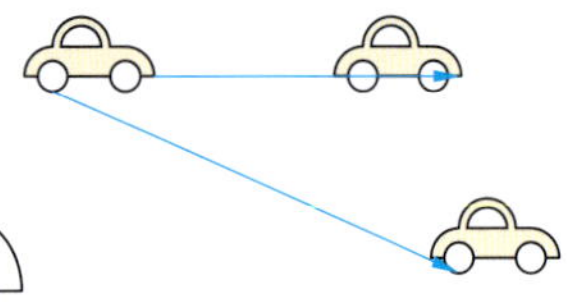

a) Markiere alle Autos, die durch eine Verschiebung des ersten Autos (des Originals) entstanden sein können.

b) Zeichne, wenn mögliche, jeweils einen Verschiebungspfeil ein.

2 Verschiebung in mehrere Richtungen

Starthilfe

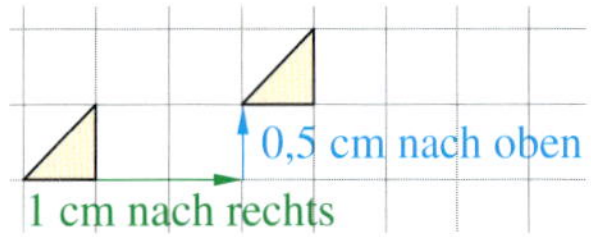

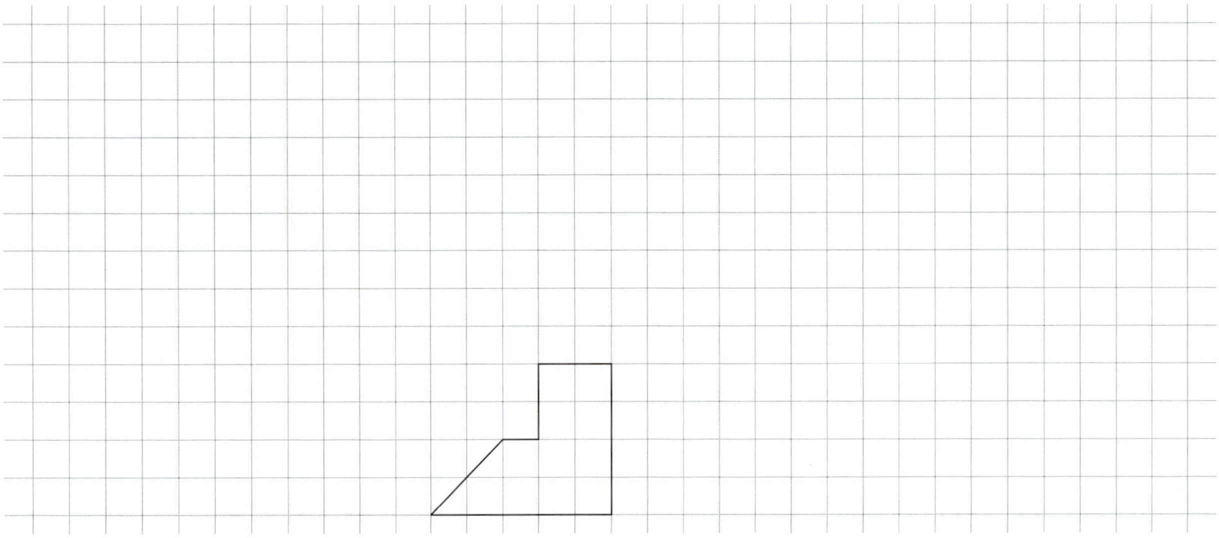

a) Verschiebe die Figur um 5 cm nach rechts und nicht nach oben oder unten.

b) Verschiebe die Figur um 4 cm nach links und 2 cm nach oben.

c) Verschiebe die Figur um 1 cm nach links und 3 cm nach oben.

d) Verschiebe die Figur um 7 cm nach rechts und 4,5 cm nach oben.

e) Verschiebe zuerst die Figur. Gib danach in der Zeichnung an, wie verschoben wurde.

3 Verschiebe die Figuren jeweils passend zum Verschiebungspfeil.

Starthilfe

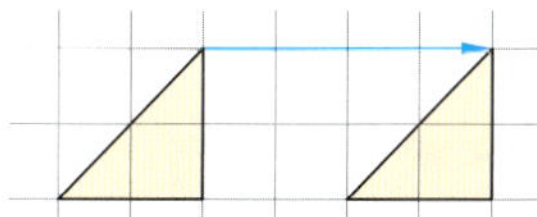

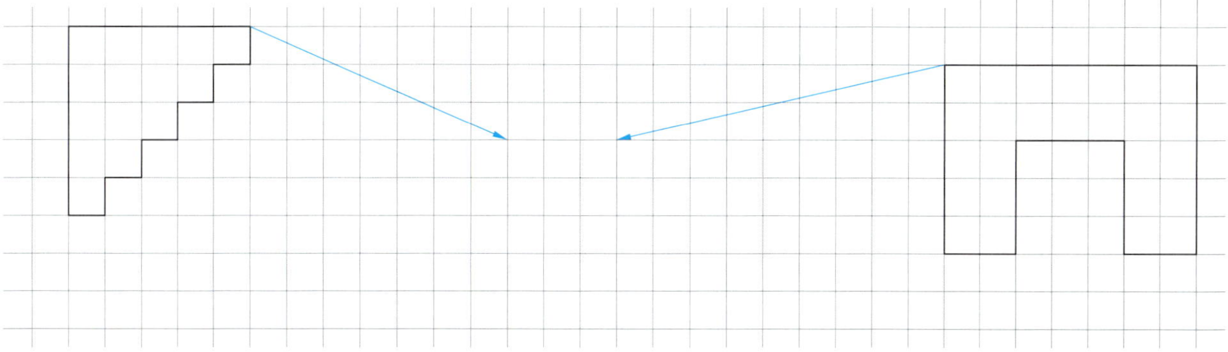

4 Ergänze jeweils die Bezeichnung der Punkte am Original und an der Bildfigur.

Starthilfe

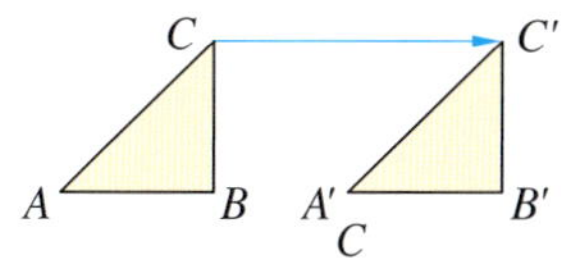

a)

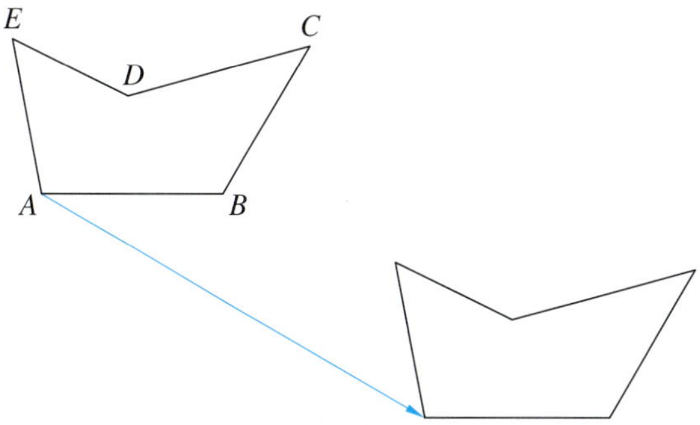

b)

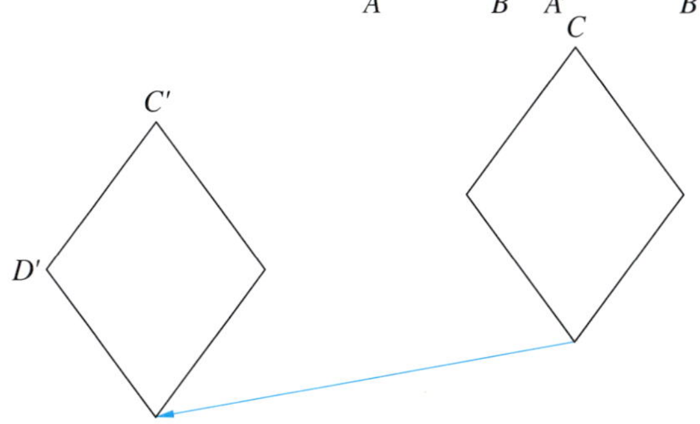

Anwenden und Vernetzen

5 Verschiebung im Koordinatensystem

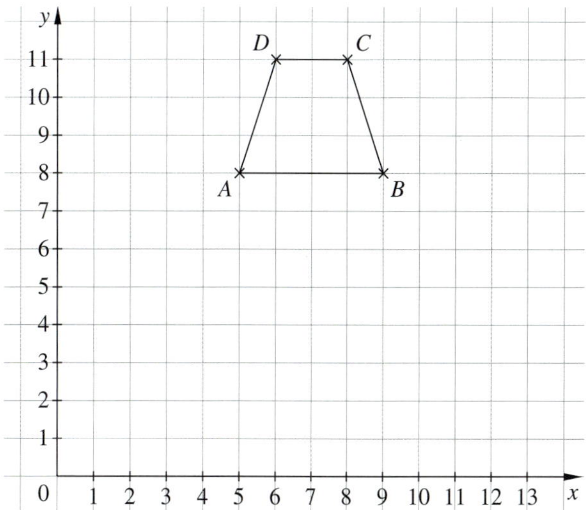

a) Gib die Koordinaten der Bildfigur an.

$A'($ ___ | ___ $)$ $B'($ ___ | ___ $)$

$C'($ ___ | ___ $)$ $D'($ ___ | ___ $)$

b) Zeichne einen passenden Verschiebungspfeil ein.

c) Ergänze die Sätze.

Jeder Punkt des Originals wurde um ________ nach unten und ________ nach links verschoben.

Jeder Punkt wurde um rund ________ verschoben.

6 Geschenkpapier

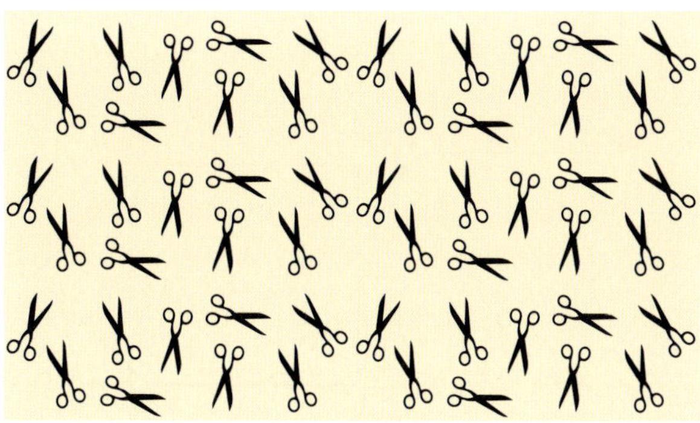

a) Finde eine möglichst kleine Teilfläche, die man so verschieben kann, dass dieses Muster entsteht.
Zeichne ein geeignetes möglichst kleines Rechteck ein.

b) Gib mit einem Verschiebungspfeil die Richtung und die Länge einer passenden Verschiebung an.

Drehung

▶ Grundwissen

- Bei einer Drehung wird jeder Punkt des Originals (der Ausgangsfigur) um das Drehzentrum Z mit dem Drehwinkel α gedreht.
- Ein Punkt P, der gedreht wird, bewegt sich auf einem Kreis um das Drehzentrum Z.
- Das Original und die Bildfigur sind zueinander deckungsgleich (kongruent).

Beispiel:

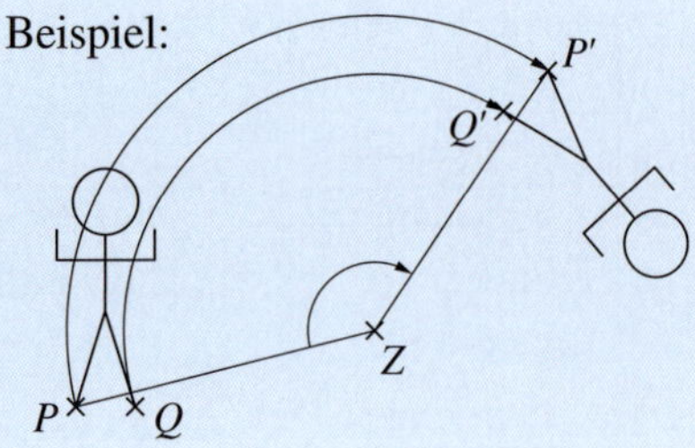

Trainieren

1 Kreuze alle passenden Beträge der Drehwinkel an.

Starthilfe

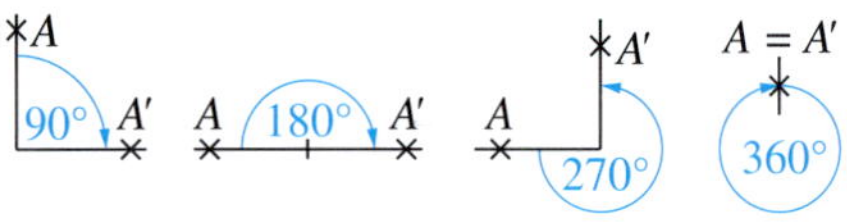

a)

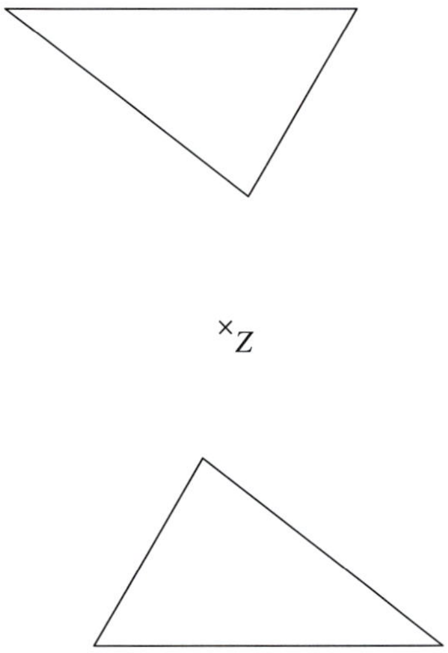

☐ $\alpha = 90°$ ☐ $\alpha = 180°$

☐ $\alpha = 200°$ ☐ $\alpha = 300°$

b)

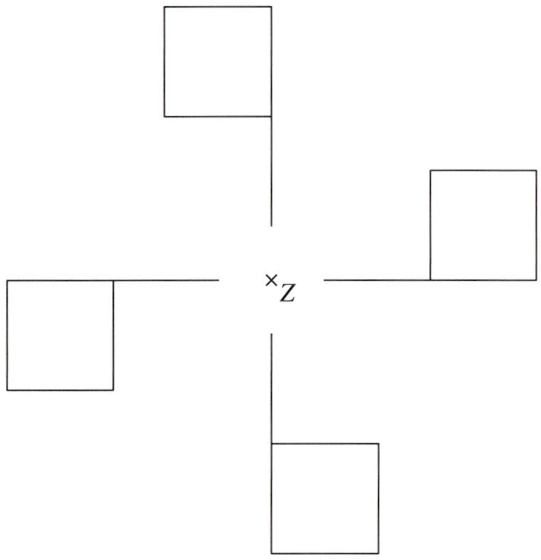

☐ $\alpha = 90°$ ☐ $\alpha = 180°$

☐ $\alpha = 270°$ ☐ $\alpha = 360°$

2 Ergänze jeweils die Bezeichnung der Punkte am Original und an der Bildfigur.

Starthilfe

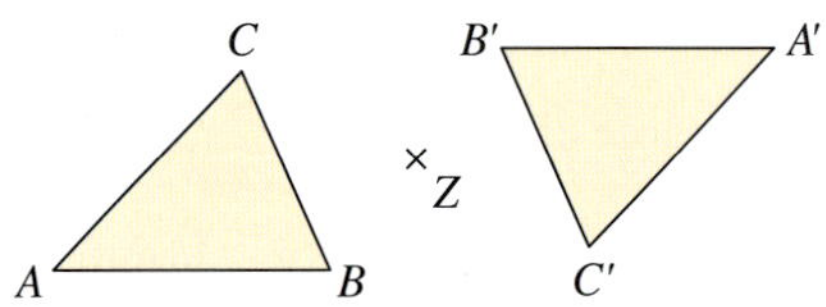

a)

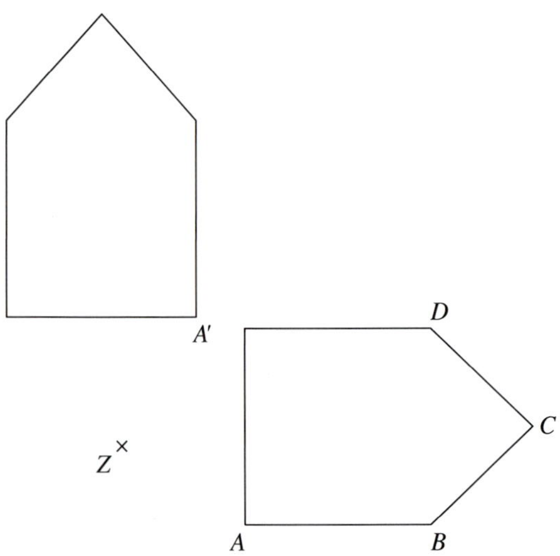

b)

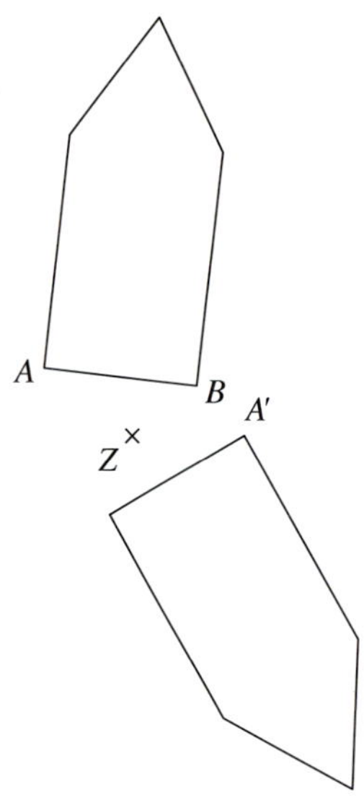

3 Drehe die Figur jeweils um das Drehzentrum Z mit dem Drehwinkel α.

Starthilfe

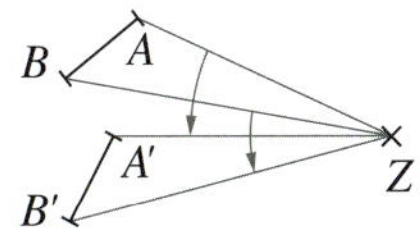

a) $\alpha = 180°$
Drehe im Uhrzeigersinn.

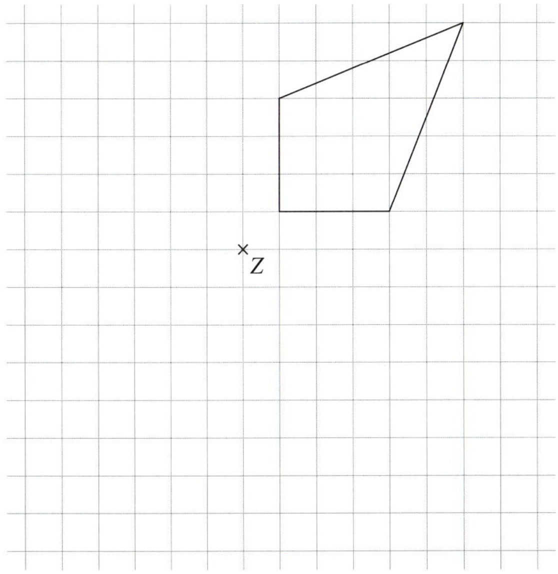

b) $\alpha = 90°$
Drehe gegen den Uhrzeigersinn.

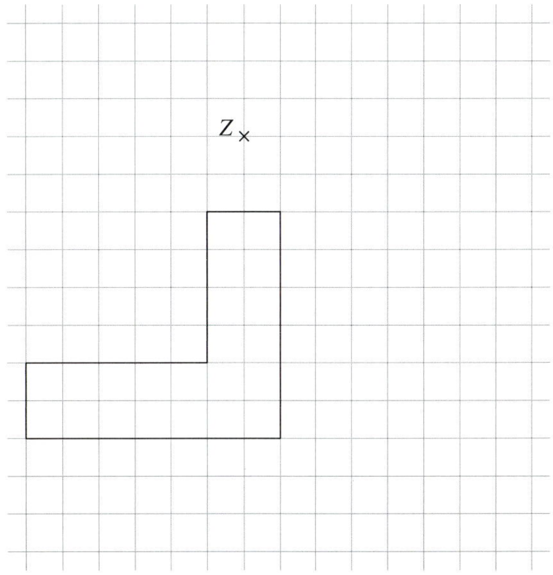

Anwenden und Vernetzen

4 Ermittle, wenn mögliche, jeweils zuerst das passende Drehzentrum Z.
Gib danach den Betrag des Drehwinkels in der Zeichnung an.

Starthilfe

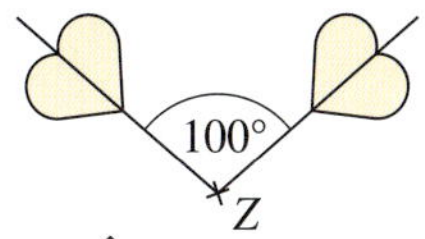

5 Riesenrad

a) Gib die Lage des Drehzentrums an.

____

____

____

b) Um wie viel Grad muss jeweils gedreht werden, damit die Personen aus der folgenden Gondel aussteigen können.

____

____

Anteile und Prozente

▶ Grundwissen

Brüche mit dem Nenner 100 kann man in der Prozentschreibweise angeben. $\frac{1}{100} = 1\,\%$

Beispiel:  $\frac{7}{20} = \frac{7 \cdot 5}{20 \cdot 5} = \frac{35}{100} = 35\,\%$

Trainieren

1 Ergänze jeweils die Tabelle.

Starthilfe 30 der 100 Kästchen sind gelb. Es sind $\frac{30}{100} = 30\,\%$.

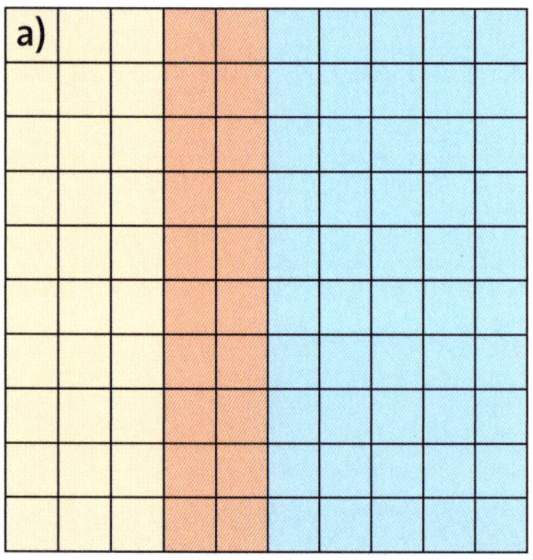

	Käst-chen	Hun-dertstel	Prozent
gelb	30	$\frac{30}{100}$	30 %
rot			
blau			

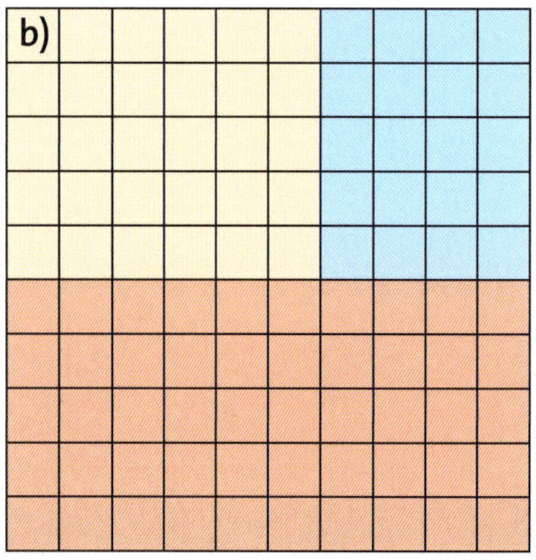

	Käst-chen	Hun-dertstel	Prozent
gelb			
rot			
blau			

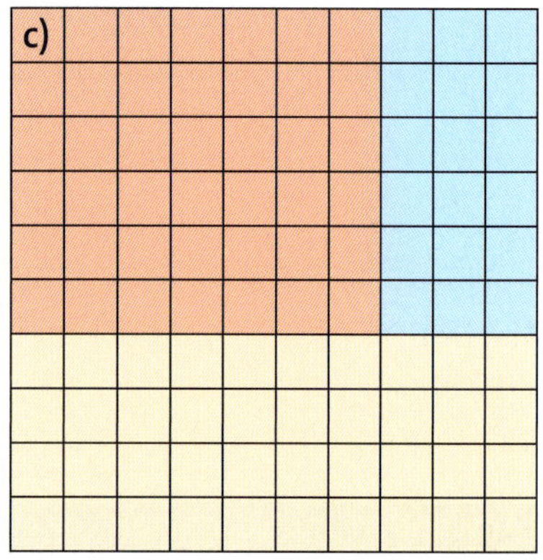

	Käst-chen	Hun-dertstel	Prozent
gelb			
rot			
blau			

2 Färbe jeweils streifenweise ein und ergänze die Tabelle.

Starthilfe 25 der 50 Kästchen sind gelb. Gelb sind $\frac{25}{50} = \frac{25 \cdot 2}{50 \cdot 2} = \frac{50}{100} = 50\,\%$.

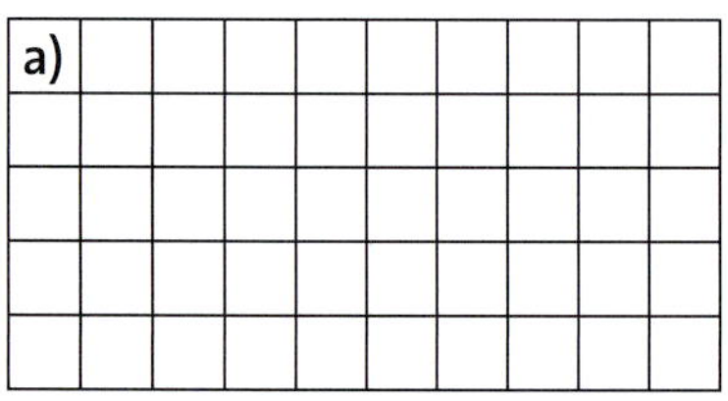

	Käst-chen	Bruch	Prozent
gelb	25		50 %
rot	5		
blau	20		

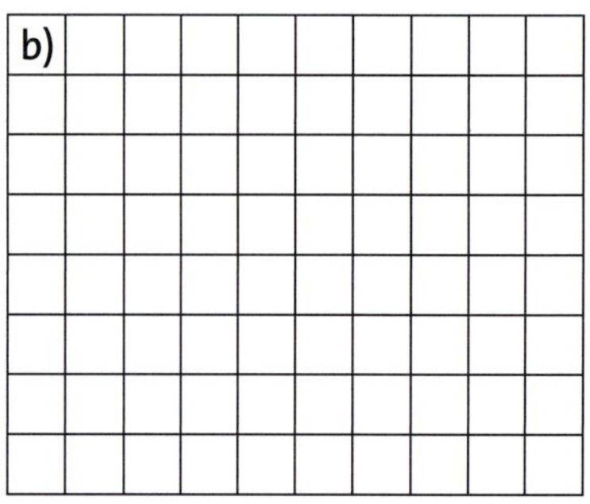

	Käst-chen	Bruch	Prozent
gelb			50 %
rot	8		
blau			

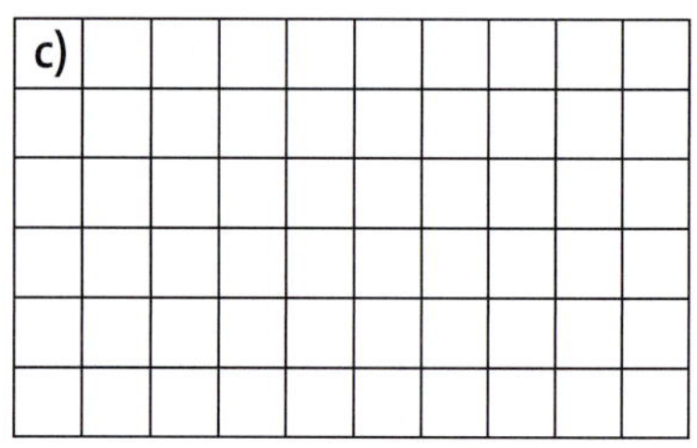

	Käst-chen	Bruch	Prozent
gelb			20 %
rot	36		
blau			

3 Gib den Anteil als Bruch und in Prozent an.

Starthilfe $\frac{3}{4} = \frac{3 \cdot 25}{4 \cdot 25} = \frac{75}{100} = 75\,\%$

a) 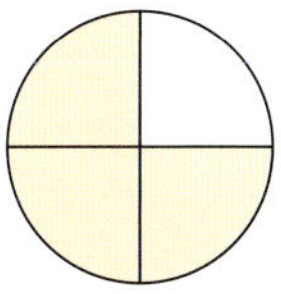

b) 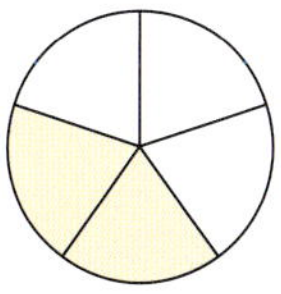

c) 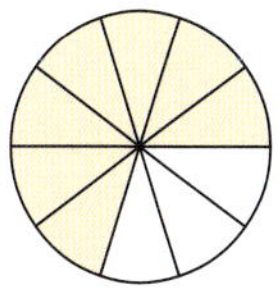

d) 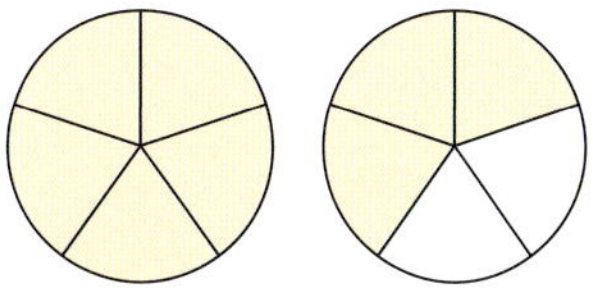

e) 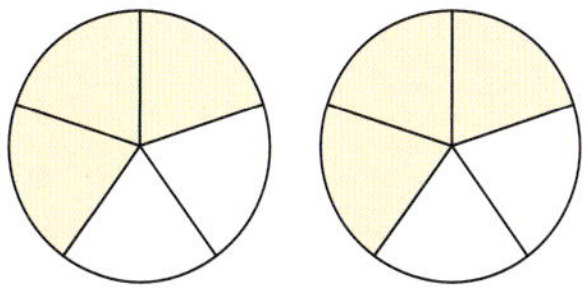

4 Gib drei Brüche an, die 50 % entsprechen.

5 Wandle in Prozent- und Dezimalschreibweise um.

Starthilfe $\frac{3}{4} = \frac{75}{100} = 75\,\% = 0{,}75$

a) $\frac{7}{10} = \frac{7 \cdot 10}{10 \cdot 10} =$

b) $\frac{11}{20} =$

c) $\frac{9}{50} =$

d) $\frac{7}{20} =$

e) $\frac{6}{25} =$

f) $\frac{3}{5} =$

g) $\frac{1}{2} =$

h) $\frac{22}{25} =$

Anwenden und Vernetzen

6 Sieger beim Korbwurf ist derjenige mit dem höchsten Anteil an Treffern. Jeder durfte werfen, so oft er wollte.

a) Wer belegte welchen Platz?

	Treffer	Würfe	Treffer in %	Platz
Mia	18	20		
Nele	20	25		
Max	46	50		
Eric	21	25		

b) Wie viele Würfe machte jeder im Durchschnitt?

Starthilfe alle Würfe : alle Werfer

Prozentsatz

▶ Grundwissen

Der Prozentsatz gibt den Anteil vom Ganzen an.

Beispiel: 12 von 20 Keksen sind 60 %.

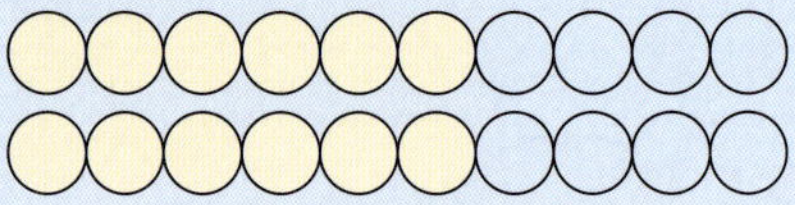

Berechnung des Prozentsatzes mit Hundertstel: $\frac{12}{20} = \frac{60}{100} = 60\,\%$

Berechnung des Prozentsatzes mithilfe einer Tabelle:

Kekse	Anteil
20	100 %
1	5 %
12	60 %

(: 20 von 20 zu 1, · 12 von 1 zu 12 – auf beiden Seiten)

Trainieren

1 Berechne jeweils den Prozentsatz mithilfe von Hundertstel. **Starthilfe** 2 m von 8 m sind 25 %. $\frac{2}{8} = \frac{1}{4} = \frac{25}{100} = 25\,\%$

a) 20 kg von 50 kg sind ________ $\frac{20}{50} = \frac{40}{100} =$ ________

b) 4 kg von 20 kg sind ________ ________

c) 27 m von 270 m sind ________ ________

d) 8 m von 160 m sind ________ ________

e) 45 min von 60 min sind ________ ________

f) 15 min von 60 min sind ________ ________

2 Berechne jeweils den Prozentsatz mithilfe des Dreisatzes. **Starthilfe** Dividiere durch den Grundwert (: 20) und multipliziere mit dem Prozentwert (· 8).

a) Wie viel Prozent sind 8 m von 20 m?

Länge in m	Anteil (p %)
20	100 %
8	

8 m von 20 m sind ________

b) Wie viel Prozent sind 9 m von 10 m?

Länge in m	Anteil (p %)
10	100 %

9 m von 10 m sind ________

c) Wie viel Prozent sind 6 m von 50 m?

	100 %

6 m von 50 m sind ________

d) Wie viel Prozent sind 7 m von 25 m?

7 m von 25 m sind ________

3 Ermittle alle Prozentsätze mithilfe des Dreisatzes.

Starthilfe Das Ganze entspricht jeweils 100 %. Trage dies oben in der Tabelle ein.

a) Wie viel Prozent sind 7 € von 10 €?

Betrag in €	Anteil (p %)
10	100 %

7 € von 10 € sind ____________

b) Wie viel Prozent sind 13 kg von 25 kg?

Masse in kg	Anteil (p %)

13 kg von 25 kg sind ____________

c) Wie viel Prozent sind 21 g von 50 g?

	100 %

21 g von 50 g sind ____________

d) Wie viel Prozent sind 6 € von 200 €?

6 € von 200 € sind ____________

4 Ein 250 m langer Wildschutzzaun ist entlang einer Straße zu errichten.
11 m sind bereits fertig.
Wie viel Prozent sind bereits fertig?

____

____

Anwenden und Vernetzen

5 Max hat in seinem 50-seitigen Buch schon 41 Seiten gelesen.
Jonas hat 17 Seiten seines 20-seitigen Buches gelesen.
Lina sagt: „Max hat mehr gelesen."
Maja sagt: „Jonas hat mehr gelesen."
Was meinst du dazu? Wer hat recht?

____

____

____

Prozentwert

▶ Grundwissen

Der Prozentwert gibt einen Teil vom Ganzen, also einen Teil des Grundwerts, an.

Beispiel: 20 % von 30 Schülern sind 6 Schüler.

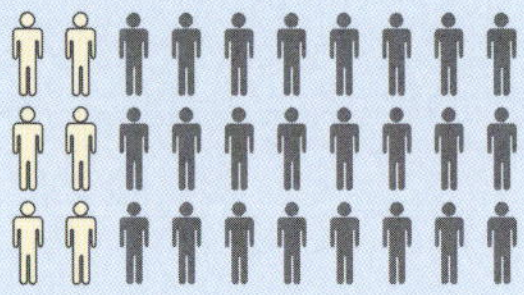

Berechnung des Prozentwerts mit Hundertstel: $\frac{20}{100} \cdot 30 = 6$

Berechnung des Prozentwerts mithilfe einer Tabelle:

	Anteil	Schüler	
: 100	100 %	30	: 100
· 20	1 %	0,3	· 20
	20 %	6	

Trainieren

1 Berechne jeweils den Prozentwert durch Multiplikation mit dem Bruch, der dem Prozentsatz entspricht.

Starthilfe 5 % von 200 € sind 10 €. $p\,\% = 5\,\%$
$\frac{5}{100} \cdot 200\,€ = 10\,€$ $5\,\% = \frac{5}{100}$

a) 4 % von 200 € sind ________ $\frac{4}{100} \cdot 200\,€ =$ ________________

b) 12 % von 300 € sind ________ ________________

c) 10 % von 20 m sind ________ ________________

d) 21 % von 300 m sind ________ ________________

e) 70 % von 40 h sind ________ ________________

f) 15 % von 20 h sind ________ ________________

2 Berechne jeweils den Prozentwert mithilfe des Dreisatzes.

Starthilfe Dividiere durch 100 (: 100) und multipliziere mit dem Prozentsatz (· 15).

a) Wie viel sind 15 % von 200 m?

	Anteil (p %)	Länge in m	
__	100 %	200	__
__			__
	15 %		

15 % von 200 m sind ________

b) Wie viel sind 8 % von 400 m?

	Anteil (p %)	Länge in m	
__	100 %		__
__			__
	8 %		

8 % von 400 m sind ________

c) Wie viel sind 32 % von 200 m?

__			__
__			__

32 % von 200 m sind ________

d) Wie viel sind 6 % von 150 m?

__			__
__			__

6 % von 150 m sind ________

3 Ermittle alle Prozentwerte mithilfe des Dreisatzes.

Starthilfe 100 % entsprechen dem Ganzen. Trage dies oben in der Tabelle ein.

a) Wie viel sind 3 % von 400 €?

Anteil (p %)	Betrag in €
100 %	

3 % von 400 € sind ____________

b) Wie viel sind 12 % von 600 €?

Anteil (p %)	Betrag in €

12 % von 600 € sind ____________

c) Wie viel sind 70 % von 20 h?

	20

70 % von 20 h sind ____________

d) Wie viel sind 20 % von 60 min?

20 % von 60 min sind ____________

4 Eine 250-g-Packung Cornflakes enthält 3 % Zucker.
Wie viel Gramm Zucker sind in der Packung?

____

____

Anwenden und Vernetzen

5 Nesrin hat bei Neomoda eine Jacke für 50 € gefunden, die es im Ausverkauf um 15 % reduziert gibt.
Bei A&B entdeckt sie die gleiche Jacke für 43,50 €. Ermittle den Preisunterschied.

____

Grundwert

▶ Grundwissen

Der Grundwert gibt das Ganze (100 %) an.

Beispiel: 30 % sind 12 Kekse. 100 % sind 40 Kekse.

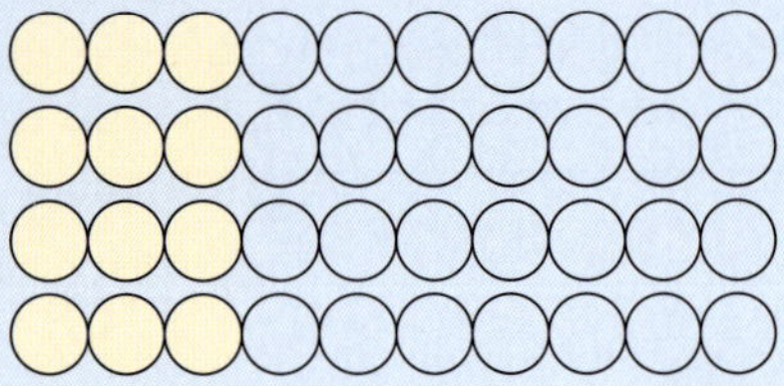

Berechnung des Grundwerts mithilfe einer Tabelle:

	Anteil	Tische	
: 30	30 %	12	: 30
· 100	1 %	0,4	· 100
	100 %	40	

Trainieren

1 Berechne jeweils den Grundwert mithilfe des Dreisatzes.

Starthilfe Trage zuerst den gegebenen Prozentsatz (p %) oben in der Tabelle ein.

a) 3 % sind 15 €. Wie viel sind 100 %?

	Anteil (p %)	Betrag in €	
___	3 %	15	___
___			___
	100 %		

100 % sind ____________

b) 12 % sind 24 Schüler. Wie viel sind 100 %?

	Anteil (p %)	Schüler	
___	12 %	24	___
___			___

100 % sind ____________

c) 15 % sind 60 Kästchen. Wie viel sind 100 %?

	Anteil (p %)	Kästchen	
___	15 %		___
___			___

100 % sind ____________

d) 11 % sind 99 Punkte. Wie viel sind 100 %?

	Anteil (p %)	Punkte	
___			___
___			___

100 % sind ____________

e) 4 % sind 16 Bausteine. Wie viel sind 100 %?

___			___
___			___

100 % sind ____________

f) 20 % sind 480 Stühle. Wie viel sind 100 %?

___			___
___			___

100 % sind ____________

2 Stell dir Kästchen vor und ergänze.

a) 1 % sind 1 Kästchen. 100 % sind ____________

b) 4 % sind 4 Kästchen. 100 % sind ____________

3 Berechne den Grundwert mit dem Dreisatz im Kopf.

Starthilfe Überlege: 1 % sind … Kästchen.
100 % sind … Kästchen.

a) 20 % sind 40 Kästchen. 100 % sind ____________

b) 25 % sind 250 Kästchen. 100 % sind ____________

c) 50 % sind 40 Kästchen. 100 % sind ____________

d) 75 % sind 150 Kästchen. 100 % sind ____________

e) 50 % sind 150 g. 100 % sind ____________

f) 10 % sind 6 min. 100 % sind ____________

g) 25 % sind 10 kg. 100 % sind ____________

h) 20 % sind 60 l. 100 % sind ____________

i) 15 % sind 30 Kästchen. 100 % sind ____________

j) 13 % sind 39 Kästchen. 100 % sind ____________

4 Der Preis für einen Fahrschein wurde um 15 Cent erhöht.
Das sind 6 %.
Berechne den alten Fahrpreis.

____

____

Anwenden und Vernetzen

5 Ergänze die Tabelle.

Starthilfe Der Prozentwert gibt den Teil des Ganzen an.
Der Grundwert gibt das Ganze (100 %) an.
Der Prozentsatz gibt den Anteil an.

Prozentwert	10	20	50	40				30	4	15
Grundwert	20				200	500	300	60	12	20
Prozentsatz	50 %	50 %	10 %	20 %	25 %	7 %	23 %			

6 Niels hat bei Neomoda eine um 20 % reduzierte Hose gefunden. Diese kostet nach der Reduzierung 40 €.
Antek sagt: „Niels bekommt die Hose für 40 € statt für 48 €.“
Jusuf sagt: „Niels bekommt die Hose für 40 € statt für 50 €.“

a) Schreibe auf, wie beide vermutlich rechneten.

b) Wer von beiden hat recht? Begründe deine Antwort durch Reduzierung des alten Preises um 20 %.

____

____

Sachaufgaben zur Prozentrechnung

▶ Grundwissen

Schrittfolge beim Lösen von Sachaufgaben zur Prozentrechnung.
1. Schritt: **Lies** die Aufgabe gründlich durch.
2. Schritt: Überlege, welches der **Grundwert**, welches der **Prozentsatz** und welches der **Prozentwert** ist.
3. Schritt: Entscheide dich für einen **Lösungsweg** und berechne das Ergebnis.
4. Schritt: Überprüfe, ob dein Ergebnis stimmen kann. **Passt es** zum Überschlag und zum Aufgabentext?
5. Schritt: Formuliere einen sinnvollen **Antwortsatz**.

Trainieren

1 Unterstreiche jeweils mit unterschiedlichen Farben.

☐ Grundwert
☐ Prozentsatz
☐ Prozentwert

Starthilfe
Der Grundwert gibt die Größe des Ganzen an.
Der Prozentsatz gibt den Anteil vom Ganzen an.
Der Prozentwert gibt den Teil des Ganzen an.

a) 12 Schüler der insgesamt 20 Schüler der Klasse 8b sind Jungen. Das sind 60 %.

b) Butter besteht zu knapp 16 % aus Wasser. In 250 g Butter sind damit ca. 40 g Wasser enthalten.

c) 30 %, also 90 km der 300 km langen Strecke ist Frau Schmidt schon gefahren.

d) Herr Meier spart jeden Monat 100 €. Das sind 5 % seines Monatseinkommens von 2 000 €.

e) Die Miete soll von jetzt 600 € um 8 % erhöht werden. Es müssen also 48 € mehr gezahlt werden.

f) Frau Siewert muss auf ihr Gehalt 7 % Steuern zahlen. Bei ihrem Gehalt von 1500 € beträgt der Steueranteil 105 €.

2 Kreuze jeweils zuerst an, was gesucht ist.
Berechne danach das Ergebnis.
Hinweis: Nutze wenn nötig ein zusätzliches Blatt.

Starthilfe
1. Unterstreiche wie in Aufgabe 1.
2. Berechne mit dem Dreisatz oder den Formeln $G = \frac{W \cdot 100}{p}$; $W = \frac{p \cdot G}{100}$; $p\,\% = \frac{W}{G}$.

a) 1 kg Brot enthält ca. 400 g Wasser.
Wie viel Prozent sind das? ☐ G ☐ $p\,\%$ ☐ W

____

b) 20 % der insgesamt 25 Schüler waren letzte Woche krank.
Wie viele Schüler waren krank? ☐ G ☐ $p\,\%$ ☐ W

____

c) Der Mantel ist jetzt 12 € billiger. Er wurde um 10 % reduziert.
Was kostete er ursprünglich? ☐ G ☐ $p\,\%$ ☐ W

____

d) 40 Gäste waren eingeladen, davon sind 90 % gekommen.
Wie viele Gäste waren da? ☐ G ☐ $p\,\%$ ☐ W

____

e) 60 Bäume stehen im Park, 9 davon sind Kastanien.
Wie viel Prozent der Bäume sind Kastanien? ☐ G ☐ $p\,\%$ ☐ W

____

f) Max hat im Test 40 Punkte erreicht. Das sind 80 %.
Wie viele Punkte waren zu erreichen? ☐ G ☐ $p\,\%$ ☐ W

____

3 Bewerte jeweils beide Antwortsätze zu Aufgabe 2.

Starthilfe 1. Ist das Ergebnis rechnerisch richtig?
2. Passt die Antwort zum Aufgabentext?

		richtig	falsch	passend	nicht passend
zu **a)**	„Brot hat einen Wasseranteil von ca. 40 %."	☒	☐	☒	☐
	„Brot enthält genau 40 % Wasser."	☐	☐	☐	☐
zu **b)**	„5 Schüler entsprechen 20 %."	☐	☐	☐	☐
	„5 Schüler waren letzte Woche krank."	☐	☐	☐	☐
zu **c)**	„Der Mantel kostete vorher 120 €."	☐	☐	☐	☐
	„Der Mantel kostete vorher 12 € mehr."	☐	☐	☐	☐
zu **d)**	„36 Gäste waren eingeladen."	☐	☐	☐	☐
	„36 Gäste sind gekommen."	☐	☐	☐	☐
zu **e)**	„15 % der Bäume sind Kastanien."	☐	☐	☐	☐
	„9 Bäume sind Kastanien."	☐	☐	☐	☐
zu **f)**	„40 Punkte waren höchstens erreichbar."	☐	☐	☐	☐
	„Die Gesamtpunktzahl des Tests war 50."	☐	☐	☐	☐

Anwenden und Vernetzen

4 1 kg Wassermelone besteht zu ca. 90 % aus Wasser.
Wie groß ist der Wassergehalt?
Kreuze den entsprechenden Antwortsatz an.

Starthilfe 1 kg = 1000 g

- ☐ 90 % Wassermelone wiegen 900 g.
- ☐ 900 g Wasser entsprechen 90 %.
- ☐ 1 kg Wassermelone enthält ca. 900 g Wasser.
- ☐ 1 kg Wassermelone enthält ca. 90 g Wasser.
- ☐ 1 kg Wassermelone enthält ca. 0,90 g Wasser.

5 Herr Schlau hat ein monatliches Einkommen von 1 650 €.
In der Tabelle hat er für den nächsten Monat seine geplanten Ausgaben eingetragen.
Finde die Fehler bzw. die unsinnigen Angaben in der Tabelle.
Gib auch die richtigen Werte an.
Hinweis: Nutze wenn nötig zum Rechnen ein zusätzliches Blatt.

Herr Schlaus Einkommen	1650 €
Miete	- 525 €
Strom	- 62 €
Telefon und Internet	- 36 €
Versicherungen	- 65 €
Fahrgeld	- 55 €
20 % für den täglichen Bedarf	- 230 €
5 % für Kleidung	- 156 €
sonstige Ausgaben	- 112 €
Sparbetrag	- 400 €
	0,00 €

1. Fehler: ______________________

____

2. Fehler: ______________________

____

3. Fehler: ______________________

____

Unsinnige Angaben: ______________________

Kennwerte

▶ Grundwissen

- Das Minimum ist der kleinste Wert einer Datenreihe.
- Das Maximum ist der größte Wert einer Datenreihe.
- Die Spannweite ist die Differenz zwischen Maximum und Minimum.
- Der Median ist der mittlere Wert einer geordneten Datenreihe.
- Das untere Quartil ist der Median der ersten Hälfte einer geordneten Datenreihe.
- Das obere Quartil ist der Median der zweiten Hälfte einer geordneten Datenreihe.

Beispiel: Schuhgrößen

geordnete Datenreihe:
36; 37; 39; 39; 40; 41; 44; 46

Minimum: 36
Maximum: 46
Spannweite: 46 – 36 = 10
Median: (39 + 40) : 2 = 39,5
unteres Quartil: (37 + 39) : 2 = 38
oberes Quartil: (41 + 44) : 2 = 42,5

Trainieren

1 Geordnete und ungeordnete Datenreihen

Starthilfe 2; 3; 3; 5; 7 7 – 2 = 5
Minimum Maximum Spannweite

a) Markiere jeweils das Minimum und das Maximum. Lege zuvor Farben fest.

☐ Minimum ☐ Maximum

b) Berechne jeweils die Spannweite.

① Längen von Stiften

10 cm; 12 cm; 12 cm; 14 cm; 20 cm

Spannweite: ______________________

② Massen von Bonbons

2 g; 2,5 g; 3 g; 3 g; 4 g

Spannweite: ______________________

③ Zugverspätungen

2 min; 5 min; 5 min; 7 min; 10 min

Spannweite: ______________________

④ Punkte im letzten Test

12; 15; 13; 20; 17

Spannweite: ______________________

⑤ Anzahl der Buchstaben vom Vornamen

5; 5; 4; 9; 3

Spannweite: ______________________

⑥ Anzahl der Geschwister

3; 1; 0; 2; 1

Spannweite: ______________________

2 Ordne die Datenreihen.

Starthilfe Beginne mit dem kleinsten Wert.

① Flurlängen

ungeordnete Datenreihe:

12 m; 8 m; 7 m; 20 m; 8 m; 9 m

geordnete Datenreihe:

____

② Anzahl der Unterrichtsstunden pro Tag

ungeordnete Datenreihe:

6; 7; 5; 6; 6

geordnete Datenreihe:

____

3 Gib jeweils den Median der geordneten Datenreihen an.

a) Die Anzahl der Daten ist ungerade. **Starthilfe** mittlerer Wert

① 12 cm; 12 cm; 12 cm; 14 cm; 18 cm

Median: ______

② 2 g; 2,5 g; 3 g; 3 g; 3g

Median: ______

③ 5 min; 5 min; 5 min; 9 min; 10 min

Median: ______

④ 14; 15; 19; 20; 22

Median: ______

b) Die Anzahl der Daten ist gerade. **Starthilfe** arithmetisches Mittel beider Werte in der Mitte

① 12 cm; 12 cm; 12 cm; 14 cm; 18 cm; 19 cm

Median: (12 cm + 14 cm) : 2 = ______

② 2 g; 2,5 g; 3 g; 3 g; 3g; 3,5 g

Median: (3 g + 3 g) : 2 = ______

③ 5 min; 5 min; 5 min; 9 min; 10 min; 15 min

Median: ______

④ 11; 14; 15; 20; 20; 17

Median: ______

4 Gib jeweils zuerst den Median und danach die Quartile an.

Starthilfe []; []; []; []; []; []; []; []; []; []

unteres Quartil (Median der 1. Hälfte) — Median — oberes Quartil (Median der 1. Hälfte)

① 12 cm; 12 cm; 12 cm; 14 cm; 18 cm; 18 cm; 20 cm; 20 cm; 22 cm; 23 cm

Median: ______ unteres Quartil: ______ oberes Quartil: ______

② 2 g; 4 g; 4 g; 4,5 g; 5 g; 6 g; 6 g; 7 g; 7,5 g; 8 g

Median: ______ unteres Quartil: ______ oberes Quartil: ______

③ 5; 5; 6; 6; 6; 7; 8; 8; 9; 10; 10; 12; 13; 13; 14; 17

Median: ______ unteres Quartil: ______ oberes Quartil: ______

Anwenden und Vernetzen

5 Lies die Werte aus den Boxplots ab.

Starthilfe

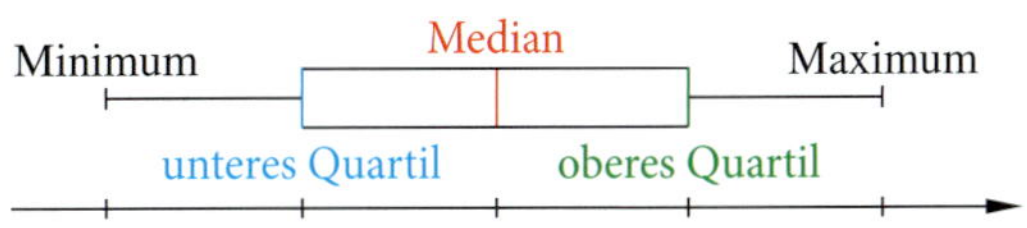

a)

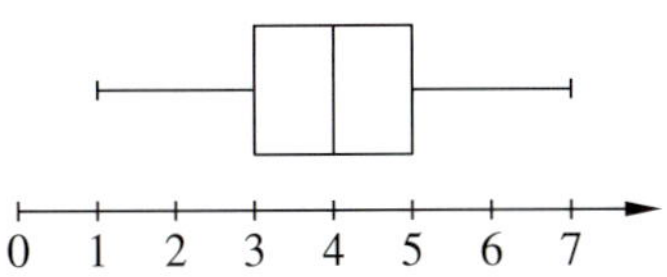

Minimum: ______

unteres Quartil: ______

Median: ______

oberes Quartil: ______

Maximum: ______

b)

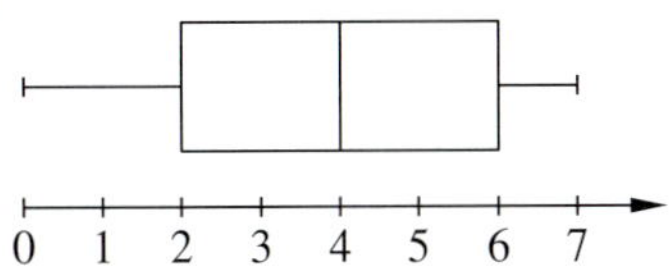

Minimum: ______

unteres Quartil: ______

Median: ______

oberes Quartil: ______

Maximum: ______

c)

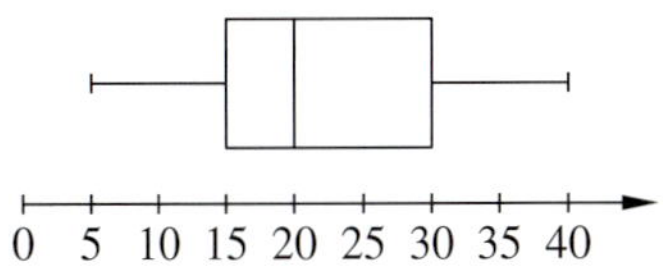

Minimum: ______

unteres Quartil: ______

Median: ______

oberes Quartil: ______

Maximum: ______

Daten in Diagrammen

▶ Grundwissen

Daten können in unterschiedlichen Diagrammen dargestellt werden.

Beispiele:

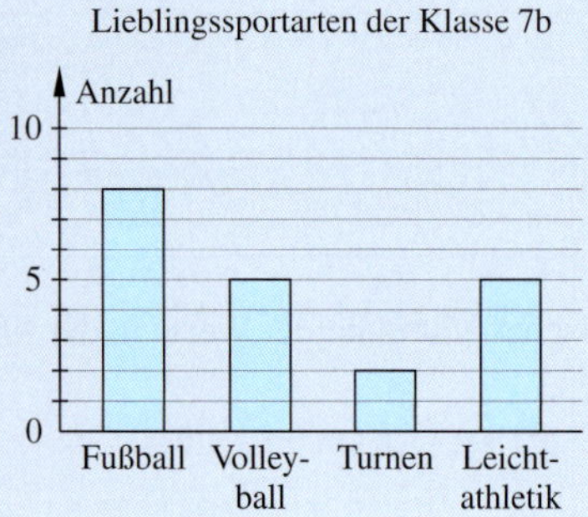

Säulendiagramm

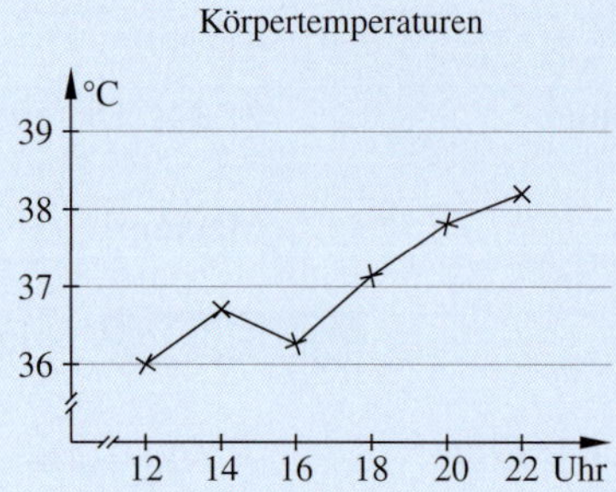

Liniendiagramm

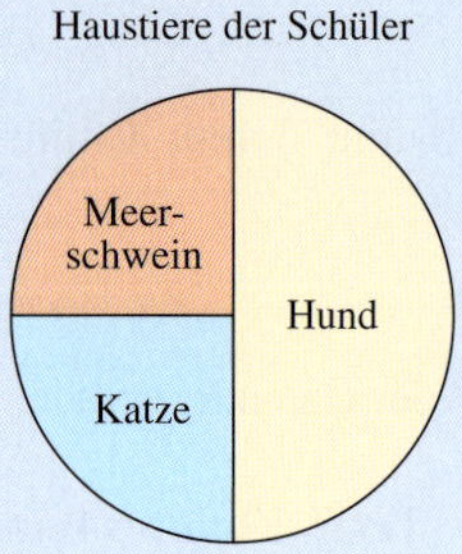

Kreisdiagramm

Trainieren

1 Was wollen die Schüler der Klasse 7a morgen machen?

Starthilfe Beachte die Beschriftung der Achsen.

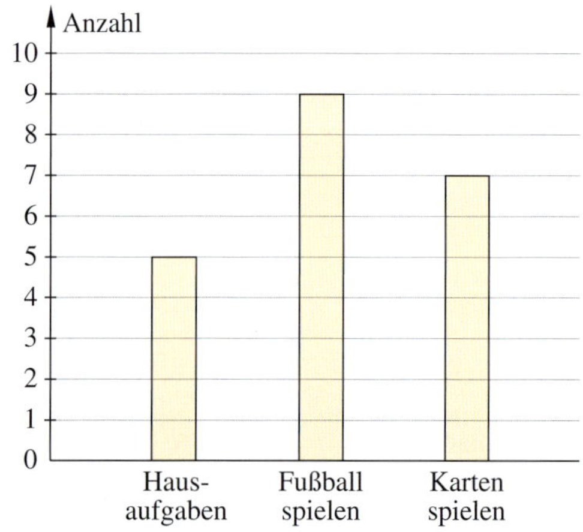

a) Wie viele Möglichkeiten stehen zur Wahl? ________

b) Was wählten die meisten Schüler?

____

c) Was wählten die wenigsten Schüler?

____

d) Ergänze die Tabelle.

	Hausaufgaben erledigen	Fußball spielen	Karten spielen
Anzahl der Schüler			

2 Bäume auf dem Schulhof

Starthilfe Verlängere mit einem Lineal.

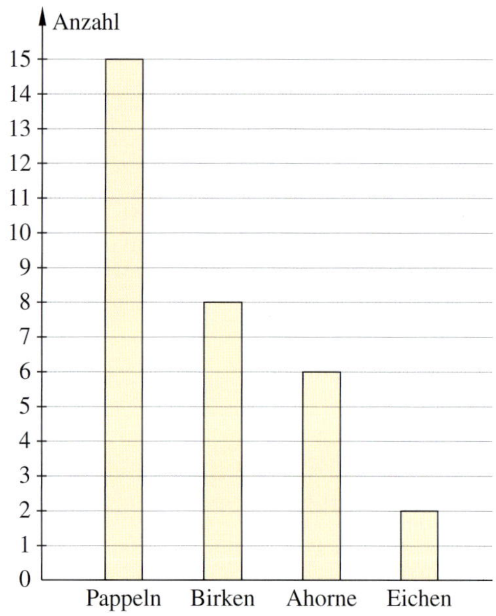

a) Ergänze die Tabelle mithilfe des Säulendiagramms.

Bäume	Pappeln	Birken	Ahorne	Eichen
Anzahl der Bäume				

b) Wie viele Bäume stehen derzeit insgesamt auf dem Schulhof?

____

c) Es werden zusätzlich 2 Birken, 2 Ahorne und 3 Eichen gepflanzt werden.
Verändere zuerst das Säulendiagramm entsprechend.
Gib danach die jeweiligen Gesamtzahlen an.

Bäume	Pappeln	Birken	Ahorne	Eichen
Anzahl der Bäume				

3 Tageshöchsttemperaturen einer Woche

Starthilfe Betrachte die Kreuze.

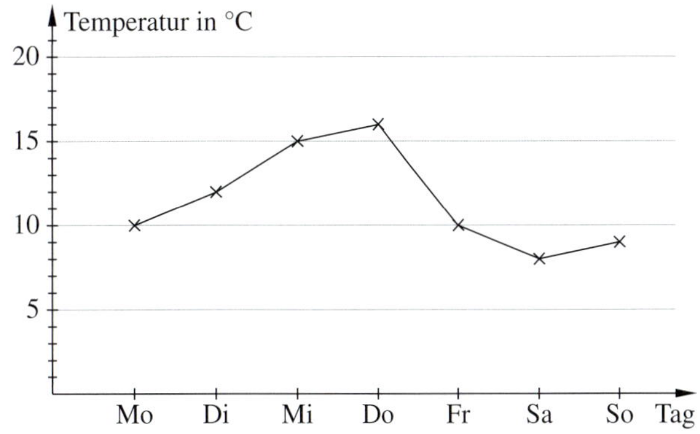

a) Für wie viele Tage sind die Höchsttemperaturen dargestellt? ______

b) Was ist die höchste Temperatur? ______

c) Was ist die niedrigste Temperatur? ______

d) Kreuze alle Wochentage an, an denen die Tageshöchsttemperaturen höher waren als am Tag davor.

☐ Di. ☐ Mi. ☐ Do. ☐ Fr. ☐ Sa. ☐ So.

4 Ergänze den Text mithilfe des Liniendiagramms.

Starthilfe Beachte die Beschriftung der Achsen.

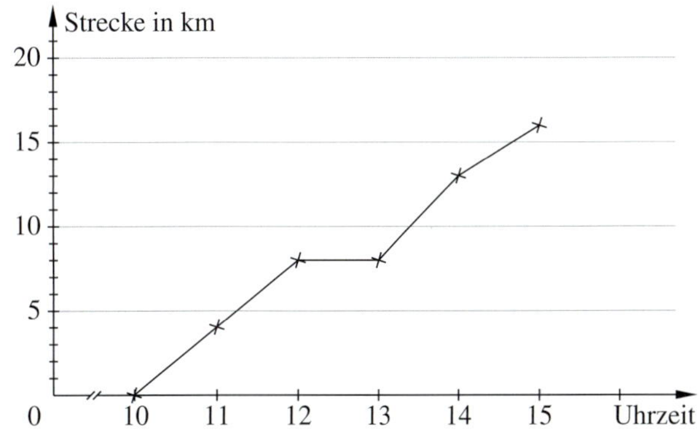

Die Wanderung begann ______ Uhr und endete 15 Uhr.

Sie dauerte insgesamt ______ Stunden.

Die zurückgelegte Strecke ist ______ km lang.

Eine Pause wurde von 12 Uhr bis ______ Uhr eingelegt.

In den ersten zwei Stunden wurden ______ km zurückgelegt.

Anwenden und Vernetzen

5 Essensbestellungen

Starthilfe Der Kreis steht für alle 18 Essen (100 %).

a) Wie viele Essen standen zur Wahl? ______

b) Was wählten die meisten Schüler? ______

c) Wie viel Prozent wählten Essen B? ______

d) Ergänze im Kreisdiagramm jeweils die Anzahl und den zugehörigen Prozentsatz.

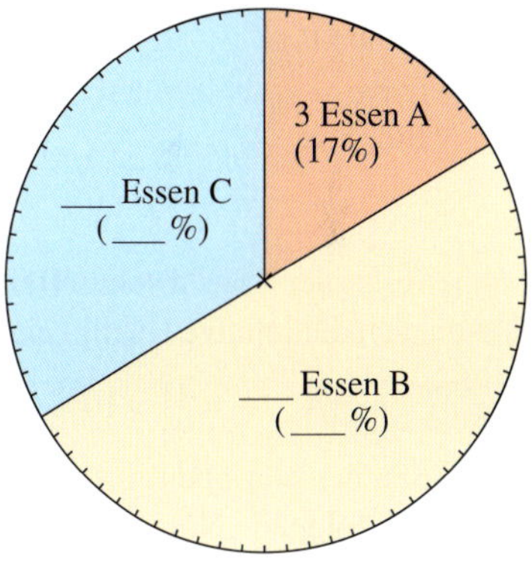

6 Die Tabelle und das Kreisdiagramm zeigen teilweise, womit die 24 Schüler der Klasse 7c zur Schule kommen. Ergänze dementsprechend die Tabellen, das Säulendiagramm und das Kreisdiagramm.

	Anzahl der Schüler	Prozentsatz
zu Fuß		
Bus	10	
Rad		33 %

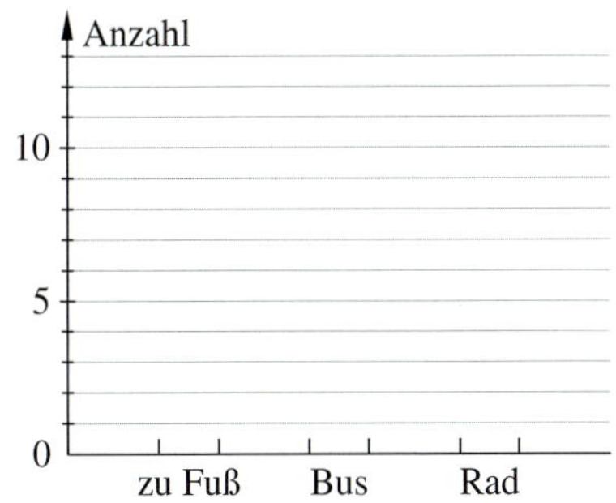

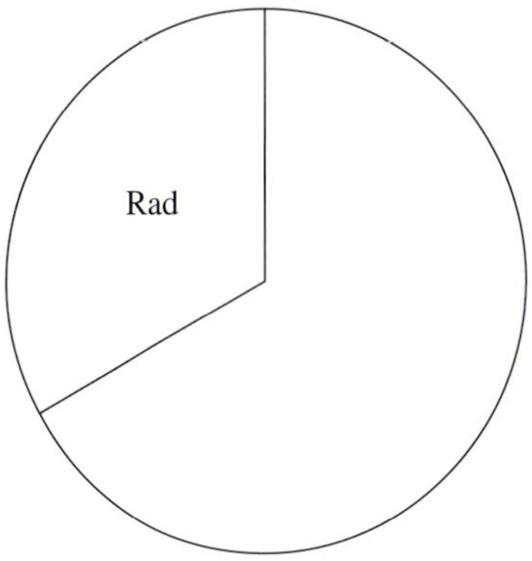

Relative Häufigkeit und Wahrscheinlichkeit

▶ Grundwissen

- Die absolute Häufigkeit gibt die Anzahl an.
- Die relative Häufigkeit gibt den Anteil an.
- Bei einer großen Anzahl an Versuchen ist die relative Häufigkeit ein Schätzwert für die Wahrscheinlichkeit eines Ereignisses.

Beispiel: Jan gewann 20 von 80 Spielen.
absolute Häufigkeit: 20
relative Häufigkeit: $\frac{20}{80} = \frac{1}{4} = 25\,\%$
Jan gewinnt mit einer Wahrscheinlichkeit von ca. 25 %.

Trainieren

1 Ergänze die Tabellen.
Gib jeweils die relative Häufigkeit mit einem Bruch an.

Starthilfe relative Häufigkeit = $\frac{\text{absolute Häufigkeit}}{\text{Gesamtzahl}}$

a) 50 Schüler entschieden sich jeweils für einen von sechs Kursen.

	Fußball	Handball	Chor	Tanz	Töpfern	Theater
absolute Häufigkeit	7	13	16	8	4	
relative Häufigkeit	$\frac{7}{50}$					

b) Würfelergebnisse

6 1 1 6 5   2 3 2 2 4   4 6 4 5 6   3 3 4 4 2   6 3 5 1 2   2 6 1 2 5   6 5 2 5 6   5 1 2 4 2

	1	2	3	4	5	6
absolute Häufigkeit	5					
relative Häufigkeit						

2 Gib jeweils zuerst die absolute Häufigkeit an.
Gib danach die relative Häufigkeit als Bruch und in Prozent an.

Starthilfe $\frac{2}{20} = \frac{10}{100} = 10\,\%$

a) 20 Schüler schrieben einen Test.
Es gab folgende Noten. 2; 3; 3; 4; 1; 3; 1; 4; 2; 5; 3; 2; 2; 5; 4; 6; 2; 3; 4; 3

	Note 1	Note 2	Note 3	Note 4	Note 5	Note 6
absolute Häufigkeit	2	5				
relative Häufigkeit	$\frac{2}{20} = 10\,\%$					

b) In einer Tüte sind 40 Gummibären.
Es sind 4 gelbe, 12 rote, 8 weiße, 2 grüne, 10 orange und einige zweifarbige.

	gelbe	rote	weiße	grüne	orange	zweifarbige
absolute Häufigkeit						
relative Häufigkeit						

3 Gib jeweils die Wahrscheinlichkeit des Ereignisses an.

Starthilfe Die relative Häufigkeit ist bei großer Anzahl an Versuchen Schätzwert für die Wahrscheinlichkeit.

a) Von 1 000 Lautsprechern sind in der Regel 40 Lautsprecher fehlerhaft.
Mit welcher Wahrscheinlichkeit ist ein zufällig gewählter Lautsprecher fehlerhaft?

____

____

b) 520 von 1 000 Passanten einer Fußgängerzone gaben an, dass sie heute im Einkaufszentrum „Mehrkauf“ waren.
Mit welcher Wahrscheinlichkeit kommt jemand von „Mehrkauf“?

____

____

c) 310 Kinobesucher gaben an, dass ihnen der Film gefiel. 190 gaben an, dass ihnen der Film nicht gefiel.
Ein zufällig ausgewählter Kinobesucher wird angesprochen.
Mit welcher Wahrscheinlichkeit hat ihm der Film gefallen bzw. nicht gefallen?

____

____

Anwenden und Vernetzen

4 Manipulierte und nicht manipulierte sechsseitige Würfel

a) Mit einem manipulierten Würfel wurde 1000-mal gewürfelt.
Mit welcher Wahrscheinlichkeit tritt jede Zahl auf?

	1	2	3	4	5	6
absolute Häufigkeit	110	210	100	240	140	200
Wahrscheinlichkeit						

b) Mit welcher Wahrscheinlichkeit wird mit einem nicht manipulierten Würfel eine „6“ geworfen? P(„6“) = ________

c) Lara sagt: „Bei einem nicht manipulierten Würfel wäre rund 167-mal eine „6“ gekommen, denn $\frac{167}{1000} \approx$ ________
Was müsste das Ergebnis sein, wenn kein Fehler vorliegt?

d) Genau drei der Würfel sind manipuliert. Kreuze diese an.

☐ Würfel A: 5-mal „3“ bei 12 Würfen

☐ Würfel B: 250-mal „2“ bei 750 Würfen

☐ Würfel C: 10-mal „1“ bei 40 Würfen

☐ Würfel D: 100-mal „4“ bei 610 Würfen

☐ Würfel E: 200-mal „6“ bei 1 100 Würfen

☐ Würfel F: 12-mal „1“ bei 50 Würfen

☐ Würfel G: 100-mal „3“ bei 120 Würfen

☐ Würfel H: 50-mal „6“ bei 180 Würfen

e) Bei einem manipulierten Würfel fiel 500-mal eine „6“ bei insgesamt 1 200 Versuchen.
Wie viele Versuche wären notwendig, damit ca. 3 000-mal eine „6 fällt?

____

____

Laplace-Experimente

▶ Grundwissen

Wenn bei einem Zufallsexperiment alle Ergebnisse gleich wahrscheinlich sind, gilt für die Wahrscheinlichkeit P für das Eintreten eines Ergebnisses e:

$$P(e) = \frac{1}{\text{Anzahl der möglichen Ergebnisse}}$$

Wenn mehrere Ergebnisse eines Zufallsexperiments zu einem Ereignis zusammengefasst werden,
gilt für die Wahrscheinlichkeit P für das Eintreten eines Ereignisses E:

$$P(E) = \frac{\text{Anzahl der günstigen Ergebnisse}}{\text{Anzahl der möglichen Ergebnisse}}$$

Beispiel: Würfeln

$S = \{1; 2; 3; 4; 5; 6; 7; 8\}$

$P(„3") = \frac{1}{8}$

$P(„3 \text{ oder } 8") = \frac{2}{8} = \frac{1}{4}$

Trainieren

1 Schreibe zuerst möglichst alle möglichen Ergebnisse auf.
Entscheide danach, ob die Ergebnisse gleich wahrscheinlich sind.

Starthilfe Werfen der 1-€-Münze $S = \{\text{Kopf; Zahl}\}$ Sind die Ergebnisse gleichwahrscheinlich? ☒ ja ☐ nein

a) einmal Würfeln mit einem sechsseitigen Würfel

$S = \{$ ______________________ $\}$ Sind die Ergebnisse gleichwahrscheinlich? ☐ ja ☐ nein

b) Anzahl der Tage eines zufällig ausgewählten Monats

$S = \{$ ______________________ $\}$ Sind die Ergebnisse gleichwahrscheinlich? ☐ ja ☐ nein

c) Note in der nächsten Klassenarbeit

$S = \{$ ______________________ $\}$ Sind die Ergebnisse gleichwahrscheinlich? ☐ ja ☐ nein

d) zufälliges Ziehen einer der zehn, durchnummerierten Kugeln (1 bis 10)

$S = \{$ ______________________ $\}$ Sind die Ergebnisse gleichwahrscheinlich? ☐ ja ☐ nein

e) Wettlauf gegen den jüngsten Mitschüler

$S = \{$ ______________________ $\}$ Sind die Ergebnisse gleichwahrscheinlich? ☐ ja ☐ nein

f) zufällig verschlafen

$S = \{$ ______________________ $\}$ Sind die Ergebnisse gleichwahrscheinlich? ☐ ja ☐ nein

2 Ermittle jeweils die Wahrscheinlichkeit des Ergebnisses.

Starthilfe Werfen der „1" einer 1-€-Münze Anzahl der möglichen Ergebnisse: 2 $P(„1") = \frac{1}{2}$

a) Würfeln einer „5" mit einem sechsseitigen Würfel $P(„5") =$ ______

b) zufälliges Ziehen der Kugel „3" von zehn durchnummerierten Kugeln (1 bis 10) $P(„3") =$ ______

c) zufälliges Ziehen der Karte „Tafeldienst" aus fünf unterschiedlichen Karten $P(„\text{Tafeldienst}") =$ ______

d) zufälliges Ziehen von „Pik 7" aus den Spielkarten: Pik 7, 8, 9 und 10 $P(„\text{Pik 7}") =$ ______

e) zufällig die „Namen der Zwillinge" nicht verwechseln $P(„\text{Namen der Zwillinge}") =$ ______

f) zufällig am „Sonntag" Geburtstag haben $P(„\text{Sonntag}") =$ ______

3 Ermittle jeweils die Wahrscheinlichkeit des Ereignisses. 

Starthilfe zufälliges Ziehen einer „3 oder 7“ aus zehn durchnummerierten Kugeln (1 bis 10)
Anzahl der günstigen Ergebnisse: 2 Anzahl der möglichen Ergebnisse: 10 $P(\text{„3 oder 7“}) = \frac{2}{10} = \frac{1}{5}$.

a) zufälliges Ziehen der „3, 4, 5, 6 oder 7“ aus zehn durchnummerierten Kugeln (1 bis 10)

Anzahl der günstigen Ergebnisse: ______ Anzahl der möglichen Ergebnisse: ______ P(„3, 4, 5, 6 oder 7“) = ______

b) zufälliges Ziehen einer Zahl „kleiner als 5“ aus zehn durchnummerierten Kugeln (1 bis 10)

Anzahl der günstigen Ergebnisse: ______ Anzahl der möglichen Ergebnisse: ______ P(„kleiner als 5“) = ______

c) zufälliges Ziehen einer Zahl „größer als 7“ aus zehn durchnummerierten Kugeln (1 bis 10)

Anzahl der günstigen Ergebnisse: ______ Anzahl der möglichen Ergebnisse: ______ P(„größer als 7“) = ______

d) zufällig am „Wochenende“ Geburtstag haben

Anzahl der günstigen Ergebnisse: ______ Anzahl der möglichen Ergebnisse: ______ P(„Wochenende“) = ______

e) Würfeln einer „1 oder 6“ mit einem sechsseitigen Würfel

Anzahl der günstigen Ergebnisse: ______ Anzahl der möglichen Ergebnisse: ______ P(„1 oder 6“) = ______

f) Würfeln einer „1, 4 oder 6“ mit einem sechsseitigen Würfel

Anzahl der günstigen Ergebnisse: ______ Anzahl der möglichen Ergebnisse: ______ P(„1, 4 oder 6“) = ______

g) Würfeln einer „positiven Zahl“ mit einem sechsseitigen Würfel

Anzahl der günstigen Ergebnisse: ______ Anzahl der möglichen Ergebnisse: ______ P(„positive Zahl“) = ______

h) Würfeln einer „negativen Zahl“ mit einem sechsseitigen Würfel

Anzahl der günstigen Ergebnisse: ______ Anzahl der möglichen Ergebnisse: ______ P(„negative Zahl“) = ______

4 In einem Gefäß liegen 40 weiße Kugeln, 20 rote, 15 gelbe und 25 blaue.
Meret zieht ohne hinzusehen eine der Kugeln.
Wie groß ist jeweils die Wahrscheinlichkeit für folgendes Ereignis?

a) Meret zieht eine weiße Kugel. P(„weiß“) = ______

b) Meret zieht eine rote Kugel. P(„rot“) = ______

c) Meret zieht eine gelbe Kugel. P(„gelb“) = ______

d) Meret zieht eine blaue Kugel. P(„blau“) = ______

Anwenden und Vernetzen

5 Mara zieht eine Karte aus dem Skatspiel mit zwei fehlenden Karten.
Ermittle jeweils die Wahrscheinlichkeit des Ereignisses.
Gib sie als Bruch, gekürzten Bruch, Dezimalzahl und in Prozent an.

Starthilfe $P(\text{„J“}) = \frac{4}{30} = \frac{2}{15} \approx 0{,}13 = 13\,\%$

a) Mara zieht eine rote Karte. ______________________

b) Mara zieht ein Ass. ______________________

c) Mara zieht eine rote 7, 8 oder 9. ______________________

d) Mara zieht keine Karte mit Zahl. ______________________

6 Betrachte die Karten in Aufgabe 5. Welche Karten sind wegzunehmen (also zu streichen), damit P(„rote Zahl“) = 0,2?

Variablen und Terme

▶ Grundwissen

- Variablen sind Platzhalter.
- Terme sind Rechenausdrücke mit und ohne Variablen. Sie enthalten kein „=“; „<“; „>“; …
- Setzt man in einen Term für jede Variable eine Zahl ein, nimmt der Term einen Wert an.

Beispiele:
Variablen: $a; b; c; x; \dots$
Terme: $x; 9; x+9; (y+9)\cdot 2$
Term: $2\cdot x+13$
Wert für $x=7$: $2\cdot 7+13=27$

Trainieren

1 Kontrolliere jeweils, ob es ein Term ist.

Starthilfe $7=x+4$ *f* $7+x+4$ ✓

a) $3+1$ **b)** $10\cdot x$ **c)** $a\approx 2$ **d)** $y-4$

e) $x>0$ **f)** $x:2$ **g)** $2x+3=5b$ **h)** (13)

i) 11 **j)** $3a\cdot 5-2b$ **k)** $-a$ **l)** $(7-8)\cdot a$

m) $1{,}5\leq x$ **n)** $6\cdot 2+8-1\neq 2$ **o)** $-19{,}05$ **p)** $-2\geq 1$

2 Bilde Terme aus folgenden „Bausteinen“. 5 y + − · x 2

$x\cdot 5$			

3 Berechne jeweils den Wert des Terms.

Starthilfe Term: $5+x+12$
Wert für $x=8$: $5+8+12=25$

a) Term: $3+x+13$
Wert für $x=7$: $3+$ __ $+13=$ __

b) Term: $4-x+10$
Wert für $x=2$: $4-$ __ $+10=$ __

c) Term: $12:x+5$
Wert für $x=6$: $12:$ __ $+5=$ __

d) Term: $a+(2\cdot a)+9$
Wert für $a=1$: __ $+(2\cdot$ __ $)+9=$ __

e) Term: $2\cdot(b+5)$
Wert für $b=3$: $2\cdot($ __ $+5)=$ __

f) Term: $20:y+3-y$
Wert für $y=2$: $20:$ __ $+3-$ __ $=$ __

4 Ergänze die Werte der Terme.

Starthilfe $2-1=1$

	$x-1$	$x+12$	$2\cdot x+6$	$5\cdot x-3$
$x=2$	1			
$x=5$				
$x=6$				
$x=7$				
$x=0$				

5 Vergleiche die Werte der Terme.

Starthilfe Berechne jeweils zuerst die Werte der Terme. Vergleiche danach. Schreibe <, > bzw. =.

a)

	$x+6$		$2 \cdot x$
$x=2$	8	>	4
$x=4$			
$x=6$			
$x=11$			

Für $x =$ ____ nehmen die Terme den gleichen Wert an.

b)

	$10-x$		$3 \cdot x-5-x$
$x=3$			
$x=5$			
$x=7$			
$x=12$			

Für $x =$ ____ nehmen die Terme den gleichen Wert an.

6 Ordne passende Terme mit Linien zu.

Starthilfe

das Doppelte von x	$x:2$
der Nachfolger von x	$2 \cdot x$
das Fünffache von x	$x+1$
die Hälfte von x	$x+2$
x minus 2	$x \cdot 5$
2 mehr als x	$x-2$

Anwenden und Vernetzen

7 Ein Versandhaus berechnet bei jeder Bestellung Versandkosten in Höhe von 3,50 €.

a) Die Kosten einer Bestellung werden durch den Term $x + 3{,}50$ € beschrieben.
Wofür steht die Variable x in dem Term?

____

b) Berechne, wie viel bei einer Bestellung von Schuhen für 45 € (bzw. 149 €) zu überweisen ist.

____

____

8 Familie Köhler bestellt Konzertkarten im Internet.
Jede Karte kostet 21 €. Für den Versand werden einmalig 6 € berechnet.

a) Welcher der folgenden Terme beschreibt die Gesamtkosten?
Wofür steht x?

$21+6 \cdot x$ $\quad$ $21 \cdot x-6$ $\quad$ $21 \cdot x+6$ $\quad$ $21 \cdot x \cdot 6$ $\quad$ $21+x+6$

____

b) Familie Köhler bestellt drei Konzertkarten.
Wie viel ist letztendlich pro Person zu zahlen?

____

____

Terme vereinfachen

▶ Grundwissen

Terme kann man wie folgt vereinfachen.
1. Schritt: Markieren von Gleichartigen.
2. Schritt: Sortieren.
3. Schritt: Addieren bzw. subtrahieren.

Beispiel:
$a + a + a + 3 \cdot b + 3 + 2 \cdot a - 2$
$= a + a + a + 2 \cdot a + 3 \cdot b + 3 - 2$
$= 5 \cdot a + 3 \cdot b + 1$

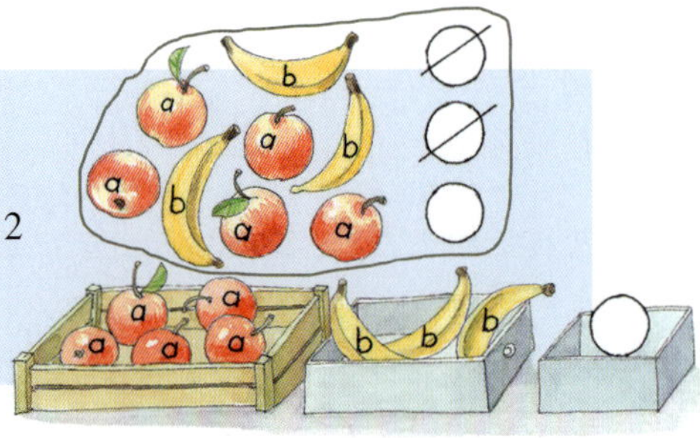

Trainieren

1 Addiere.

Starthilfe $a + a + a + 5 \cdot a = 8 \cdot a$

a) $a + a =$ ______ b) $a + a + a + a =$ ______ c) $a + a + a + a + a + a + a =$ ______

d) $x + x + x =$ ______ e) $m + m + m + m + m =$ ______ f) $y + y + y + y + y + y =$ ______

g) $a + 4 \cdot a =$ ______ h) $2 \cdot a + a + 2 \cdot a =$ ______ i) $10 \cdot a + 3 \cdot a + 20 \cdot a =$ ______

j) $5 \cdot x + 4 \cdot x + 3 \cdot x =$ ______ k) $50 \cdot m + 100 \cdot m =$ ______ l) $y + 11 \cdot y + 9 \cdot y =$ ______

2 Addiere bzw. subtrahiere.

Starthilfe $5 \cdot a - 2 \cdot a + a - a = 5a + a - 2a - a = 3 \cdot a$

a) $a + a - a =$ ______ b) $a + a + a + a - a =$ ______ c) $2 \cdot a - a + a =$ ______

d) $a + 4 \cdot a - a - a =$ ______ e) $5 \cdot x - 2 \cdot x + x =$ ______ f) $6 \cdot x - 2 \cdot x + x =$ ______

g) $y - y + y - y =$ ______ h) $-b + 12 \cdot b + b + b =$ ______ i) $6 \cdot y - 3 \cdot y + 4 \cdot y =$ ______

j) $-5 \cdot k + 10 \cdot k - 3 \cdot k =$ ______ k) $10 \cdot m - 50 \cdot m =$ ______ l) $z - 11 \cdot z + 9 \cdot z =$ ______

3 Markiere zuerst gleichartige Bestandteile.
Sortiere diese dann.

Starthilfe $a - b - 1 + 2 \cdot a + 4 = 2 \cdot a + a - b + 4 - 1$

a) $b + b + a =$ ______ b) $b + a + a + b + a =$ ______

c) $3 \cdot c - 3 \cdot a + b + 2 \cdot a =$ ______ d) $7 \cdot y + x + y + z =$ ______

e) $2 \cdot c + b + a - a + a + c =$ ______ f) $b - a + 7 \cdot c + a - b + a =$ ______

g) $8 \cdot a - 8 + 3 \cdot b - a =$ ______ h) $x - 9 - 7 \cdot y + 8 \cdot x - y =$ ______

4 Ordne zueinander passende Terme mit Linien zu.

Starthilfe $b + a + b = a + b + b = a + 2 \cdot b$

$b + a + b$	$10 \cdot a - a + b - b - 5$	$10 \cdot a + 6 \cdot b$
$9 \cdot b + 10 \cdot a + b$	$6 \cdot a + 4 \cdot a + 2 \cdot b + 5 \cdot b - b$	$10 \cdot a + 10 \cdot b$
$6 \cdot a + 2 \cdot b - b + 5 \cdot b + 4 \cdot a$	$a + b + b$	$9 \cdot a - 5$
$10 \cdot a - a - 5 - b + b$	$a + 5 \cdot a + 15 \cdot b - 3 \cdot b - b + 5$	$6 \cdot a + 11 \cdot b + 5$
$5 + a - 3 \cdot b + 5 \cdot a - b + 15 \cdot b$	$10 \cdot a + 9 \cdot b + b$	$a + 2 \cdot b$

5 Vereinfache die Terme.

Starthilfe Markiere. Sortiere. Addiere bzw. subtrahiere.

a) $3 \cdot a + 8 + b + 2 \cdot b + 2 + 9 \cdot a =$ ______

b) $10 \cdot b + 8 \cdot a - 2 \cdot a - b + 2 + a =$ ______

c) $x - 5 + y - x + 4 \cdot y - 3 \cdot x + 12 \cdot x =$ ______

d) $5 \cdot r - s + 10 \cdot s + 20 \cdot r - 9 \cdot s - r =$ ______

e) $-10 \cdot m - 15 + 5 \cdot n - 2 \cdot m + 12 \cdot m - 5 \cdot n =$ ______

6 Trage jeweils vereinfachte Terme in die Additionsmauer ein.

Starthilfe zur ersten Mauer $x + x = 2 \cdot x = 2x$

a)

x	x	2

b)

	$x + y$	
$2 \cdot x$	x	

c)

	$a + 10$	
b		a

d)

	$2 \cdot a + 5$	
$5 \cdot b$	$2 \cdot a$	

e)

$a + b + 5$		
	$a + 2$	$b - 1$

f)

	$12 \cdot x + 3 \cdot y$	
	$x + 2 \cdot y$	
		y

Anwenden und Vernetzen

7 Finde Terme, die zueinander passen.
Markiere sie mit der gleichen Farbe.

Starthilfe $2 \cdot x + y$ = $y + x + x$ = $2 \cdot y - y + 2 \cdot x$

$y + x$	$3 \cdot x + y$	$x + y + x + x$	$2 \cdot y + x - y$	$x - y + y + x$	$2 \cdot y + 3 \cdot x - y$
$x - x + x + x$	$x + x$	$y + x + 2 \cdot x$	$x + y$	$x - x + y + x$	$2 \cdot x$
$-x + y + 2 \cdot x$	$3 \cdot x - y + 2 \cdot y$	$-2 \cdot x + 4 \cdot x$	$-2 \cdot y + x + 3 \cdot y$	$-y + 2 \cdot x + y$	$4 \cdot y + 3 \cdot x - 3 \cdot y$

8 Häuser aus Stäbchen mit drei Längen.

Starthilfe Lege Häuser mit Papierstreifen.

a) Gib für die Summe der Stäbchenlängen jedes Hauses einen vereinfachten Term an.
Hinweis: Bezeichne zuerst die Stäbchen mit „k" für kurz, „m" für mittellang und „l" für lang.

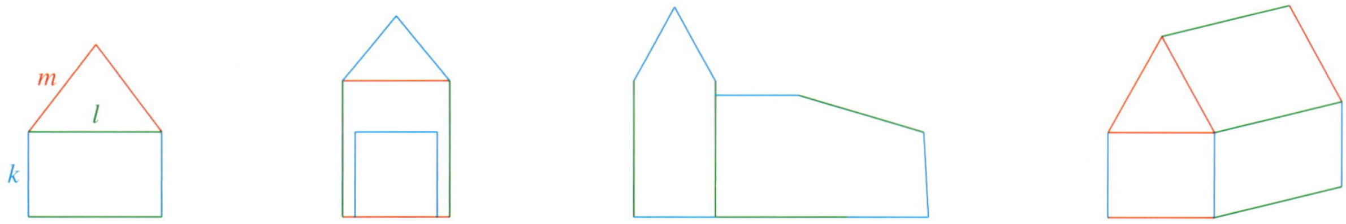

$2 \cdot l + 2 \cdot m + 2 \cdot k$ ______ ______ ______

b) Zeichne ein Haus zum Term $l + 6 \cdot m + 2 \cdot k$.

Terme aufstellen

▶ Grundwissen

Schritte
1. Variablen festlegen.
2. Terme bilden.
3. Terme zusammenfügen (wenn nötig).

Beispiel: Addiere zu der Zahl ihren Nachfolger.
„x“ steht für die Zahl.
„$x + 1$“ steht für den Nachfolger der Zahl.
$x + x + 1 = 2x + 1$ ist der gesuchte Term.

Trainieren

1 Welcher Term passt? Kreuze an.

Starthilfe Wenn $x = 12$ ist, gilt:
$x + 2 = 12 + 2 = 14$ $x - 2 = 12 - 2 = 10$ $x \cdot 2 = 12 \cdot 2 = 24$ $x : 2 = 12 : 2 = 6$

a) Celina ist 2 Jahre älter als Armando. Armando ist x Jahre alt. Wie alt ist Celina?

☐ $x + 2$ ☐ $x - 2$ ☐ $x \cdot 2$ ☐ $x : 2$

b) Ben ist 2 Jahre jünger als Paul. Paul ist x Jahre alt. Wie alt ist Ben?

☐ $x + 2$ ☐ $x - 2$ ☐ $x \cdot 2$ ☐ $x : 2$

c) Mia ist doppelt so alt wie Emma. Emma ist x Jahre alt. Wie alt ist Mia?

☐ $x + 2$ ☐ $x - 2$ ☐ $x \cdot 2$ ☐ $x : 2$

d) Leon ist in 2 Jahren so alt wie Felix heute. Felix ist x Jahre alt. Wie alt ist Leon?

☐ $x + 2$ ☐ $x - 2$ ☐ $x \cdot 2$ ☐ $x : 2$

e) Jan ist halb so alt wie Tom. Tom ist x Jahre alt. Wie alt ist Jan?

☐ $x + 2$ ☐ $x - 2$ ☐ $x \cdot 2$ ☐ $x : 2$

f) Lilli ist 3 Jahre älter als Nele. Nele ist x Jahre alt. Wie alt ist Lilli?

☐ $x + 2$ ☐ $x - 2$ ☐ $x \cdot 2$ ☐ $x : 2$

2 Stelle entsprechende Terme auf.
Hinweis: Beachte die Reihenfolge ($7 - x \neq x - 7$).

Starthilfe Nehme „+“ bei „Summe“, „mehr“, … Nehme „–“ bei „Differenz“, „weniger“, …
Nehme „·“ bei „Produkt“, „…fache“, … Nehme „:“ bei „Quotient“, „durch“, …

a) Fünffache der Zahl a __________

b) Zehnfache der Zahl a __________

c) Produkt aus der Zahl a und der Zahl 11 __________

d) a mal 2,5 __________

e) Summe aus der Zahl a und der Zahl 17 __________

f) 95 weniger als a __________

g) Summe aus dem Dreifachen der Zahl a und 10 __________

h) Doppelte der Zahl a plus 50 __________

i) Differenz aus der Zahl a und 35 __________

j) Zahl a durch 10 __________

Rechenzeichen zum Abstreichen

+
+
+
–
–
·
·
·
·
·
·
:

3 Stelle entsprechende Terme auf.

Starthilfe Wähle x als Variable.

a) Ein Eis kostet 1,50 €. Wie viel kosten x Eis?

b) Der Eintritt kostet 3 € und jede Fahrt mit der Achterbahn 2 €.
Wie teuer ist alles zusammen?

c) Die Kosten für den Parkbesuch setzen sich aus 2,50 € Fahrtkosten und einen Betrag für den Eintritt zusammen.
Wie viel kostet der Parkbesuch für einen (für alle)?

4 Welcher Term passt? Kreuze an. **Starthilfe** Setze Werte ein.

a) Jedes Glas wiegt 200 g. Der Karton, in dem nur die Gläser stehen, wiegt leer 1 000 g.
Wie schwer ist alles zusammen? ☐ $200\text{ g} \cdot x + 1\,000\text{ g}$ ☐ $1\,000\text{ g} \cdot x + 200\text{ g}$

b) Jeder Filzstift wiegt 6 g und die Federtasche, in der nur die Filzstifte sind, wiegt leer 40 g.
Wie schwer ist alles zusammen? ☐ $(6\text{ g} + 40\text{ g}) \cdot x$ ☐ $6\text{ g} \cdot x + 40\text{ g}$

Anwenden und Vernetzen

5 Flächeninhalte

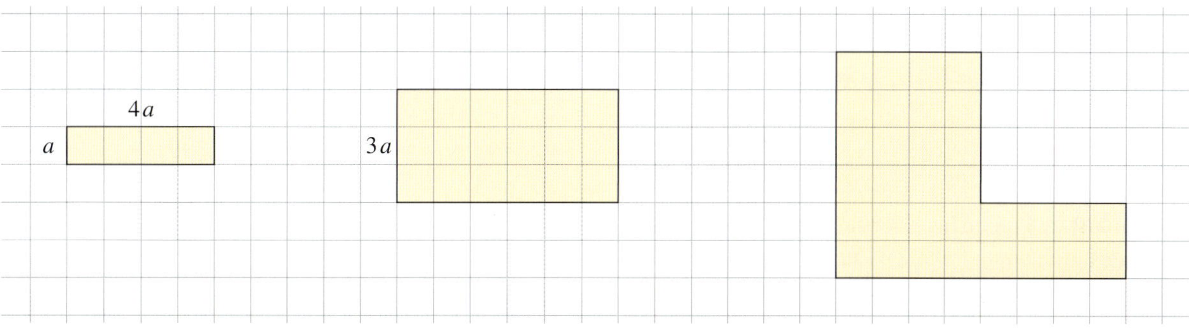

a) Vervollständige jeweils die Beschriftung der Seiten in den maßstäblichen Zeichnungen.

b) Gib jeweils zuerst einen Term zur Berechnung des Flächeninhalts an.
Prüfe danach, ob dein Term richtig sein kann. Ermittle dafür den Termwert für $a = 1$ und zähle die Kästchen.

6 Der Zooeintritt kostet 8 Euro. Jede Portion Futter für die Tiere im Streichelzoo kostet 50 Cent.

a) Gib einen Term an, mit dem man die Gesamtkosten für einen Zoobesuch mit x Portionen Futter berechnen kann.

b) Anne geht mit ihren Großeltern in den Zoo. Wie viel kostet der Zoobesuch, wenn Anne 10 Portionen Futter kauft?
Nutze den Term aus Teilaufgabe **a**.

Kapitel **Rationale Zahlen**

1 Veranschauliche auf der Zahlengeraden. -2; 8; -5; $+9$; -11; -4; $|-4|$; 12

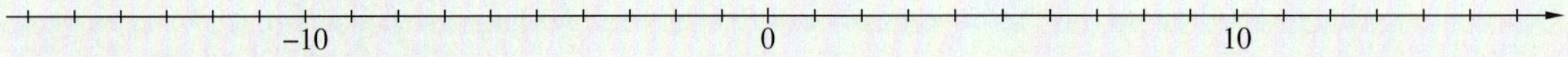

2 Vergleiche.

a) $+8$ □ $+7$ **b)** $+51$ □ 15 **c)** $+1{,}5$ □ $-5{,}1$ **d)** -8 □ -5

e) -21 □ 0 **f)** 1 □ -29 **g)** -30 □ -40 **h)** $|-3{,}2|$ □ $+2{,}3$

3 Addiere und subtrahiere.

a) $(+14)+(+2)=$ ____ **b)** $(-16)+(-10)=$ ____ **c)** $(-17)+(+10)=$ ____

d) $8+(-10)=$ ____ **e)** $-100+30=$ ____ **f)** $-6{,}1+(-1{,}6)=$ ____

g) $(+22)-(+18)=$ ____ **h)** $(-27)-(+20)=$ ____ **i)** $(+16)-(-9)=$ ____

j) $-3-(-15)=$ ____ **k)** $203-(-8)=$ ____ **l)** $5{,}5-6{,}5=$ ____

4 Multipliziere und dividiere.

a) $(+9)\cdot(+4)=$ ____ **b)** $(-6)\cdot(-10)=$ ____ **c)** $(-7)\cdot(+5)=$ ____

d) $4\cdot(-8)=$ ____ **e)** $-30\cdot 9=$ ____ **f)** $-6\cdot(-8)=$ ____

g) $(-20):(+5)=$ ____ **h)** $(+27):(+3)=$ ____ **i)** $(-3{,}2):(+8)=$ ____

j) $900:10=$ ____ **k)** $-6{,}9:3=$ ____ **l)** $-450:15=$ ____

5 Trage folgende Punkte ins Koordinatensystem ein. Verbinde aufeinander folgende Punkte und den ersten mit dem letzten Punkt.

$A(-5|1)$ $B(4|1)$

$C(6|4)$ $D(3|4)$

$E(3|6)$ $F(1|6)$

$G(2|8)$ $H(0|8)$

$I(-1|6)$ $J(-4|6)$

$K(-4|4)$ $L(-7|4)$

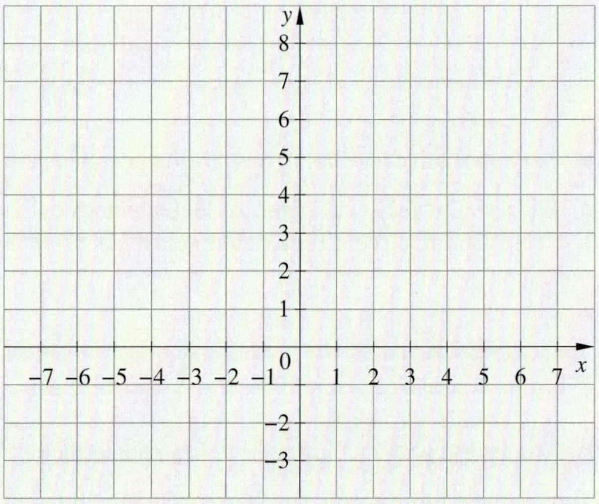

6 Daniel hat sich 7,50 € bei Clara geborgt. Gestern gab er ihr 3,25 € zurück und heute 2,10 €. Wie viel schuldet er ihr noch?

____

____

Kapitel Dreiecke

1 Gib die Dreiecksarten an.

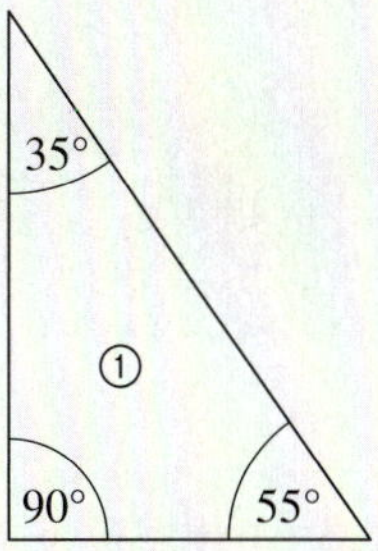

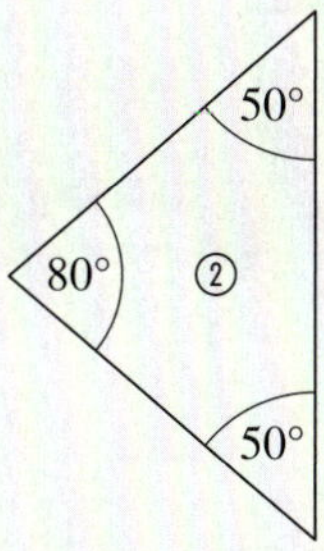

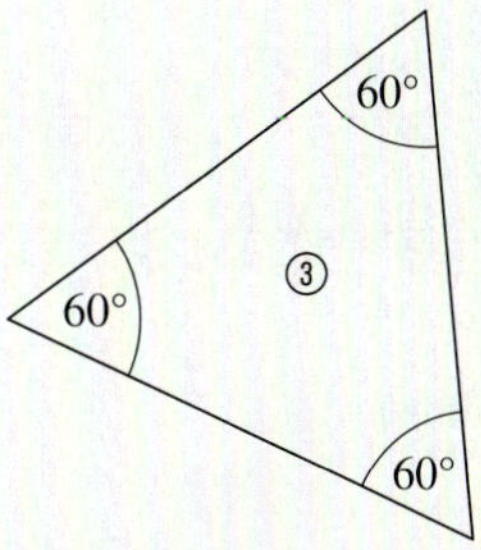

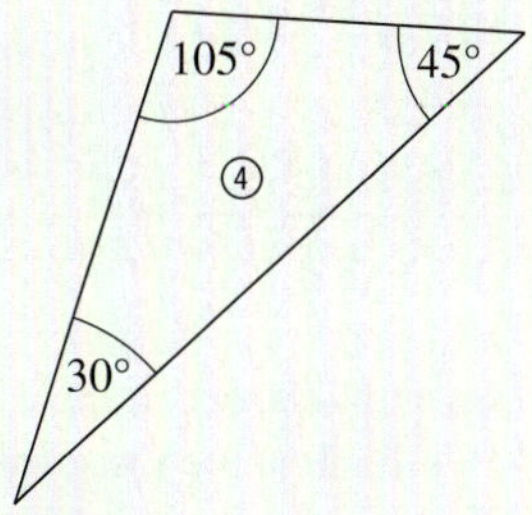

Dreieck ① ist ________________

Dreieck ② ist ________________

Dreieck ③ ist ________________

Dreieck ④ ist ________________

2 Gib jeweils zuerst den entsprechenden Kongruenzsatz an.
Zeichne danach das Dreieck *ABC*.

a) $c = 6\,\text{cm};\ \alpha = 35°;\ \beta = 75°$

______

b) $b = 5\,\text{cm};\ c = 4\,\text{cm};\ \alpha = 45°$

______

c) $a = 4\,\text{cm};\ b = 4\,\text{cm};\ c = 5\,\text{cm}$

______

d) $b = 4\,\text{cm};\ c = 3{,}5\,\text{cm};\ \beta = 55°$

______

Kapitel Zuordnungen

1 Alle Apfelsorten zum gleichen Preis pro Kilogramm

a) Ergänze die Tabelle mithilfe des Diagramms.

Masse in kg	2	6	
Preis in €			13,50

b) Ist es eine proportionale Zuordnung?
Begründe deine Entscheidung.
☐ Ja, denn … ☐ Nein, dann …

____

____

____

____

c) Wie viel kosten 4 kg Äpfel?

____

d) Mia zahlt 10,50 €.
Wie viel Kilogramm Äpfel kauft sie?

____

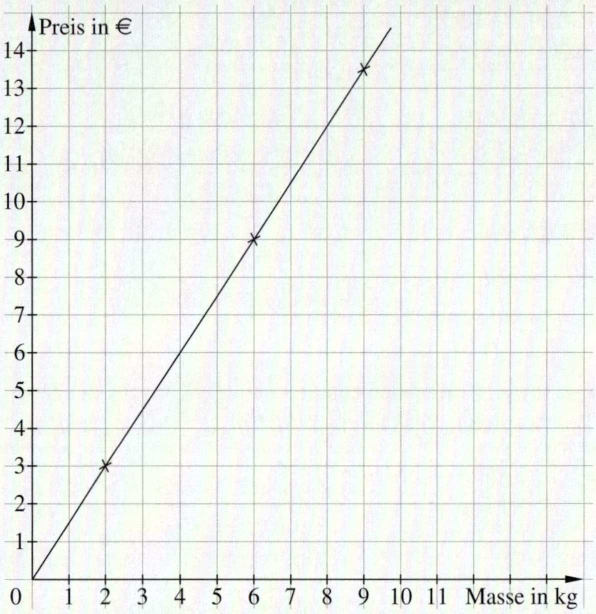

2 Ergänze jeweils zuerst die Tabelle.
Entscheide danach, ob es eine proportionale Zuordnung ist.

a) Zahl → Doppelte der Zahl

Zahl	1	9	12	15	31
Doppelte	2				

Es ist eine proportionale Zuordnung. ☐ ja ☐ nein

b) Zahl → Quadrat der Zahl

Zahl	1	4	5	10	11
Quadrat	1				

Es ist eine proportionale Zuordnung. ☐ ja ☐ nein

3 Ergänze mithilfe des Dreisatzes.

a) Neun Karten kosten 27 €.
Wie viel kosten fünf Karten?

Karten	Preis in €

____ € kosten fünf Karten.

b) Acht der Maschinen benötigen 6 h.
Wie viel benötigen drei dieser Maschinen?

____ h benötigen drei der Maschinen dafür.

4 Kann es sich im Alltag meist um eine proportionale Zuordnung handeln?

a) Wasser in Litern → Preis in Euro ☐ ja ☐ nein

b) Alter der Frau → Größe in Metern ☐ ja ☐ nein

c) Datum → Wochentag ☐ ja ☐ nein

d) Hausnummer → Telefonnummer ☐ ja ☐ nein

Kapitel Grundkonstruktionen

1 Zeichne mit Zirkel und Lineal (ohne Unterteilung).

a) Mittelsenkrechte m von $\overline{AB}$

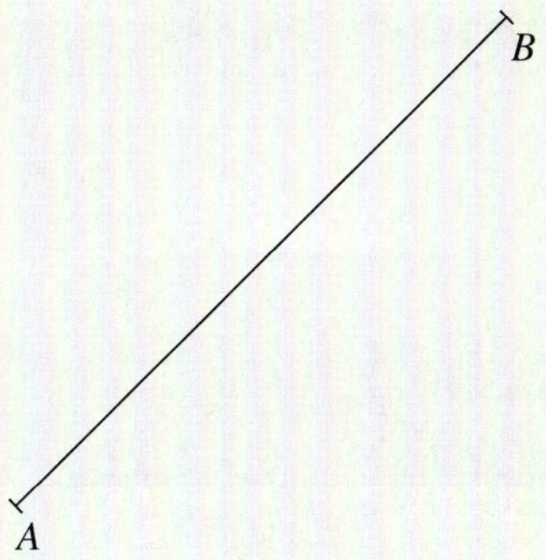

b) Winkelhalbierende w des Winkels α

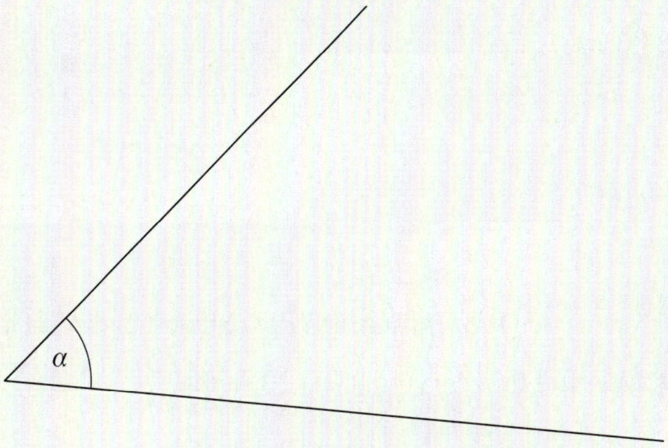

2 Verschiebe die Figur.
Beachte den Verschiebungspfeil.

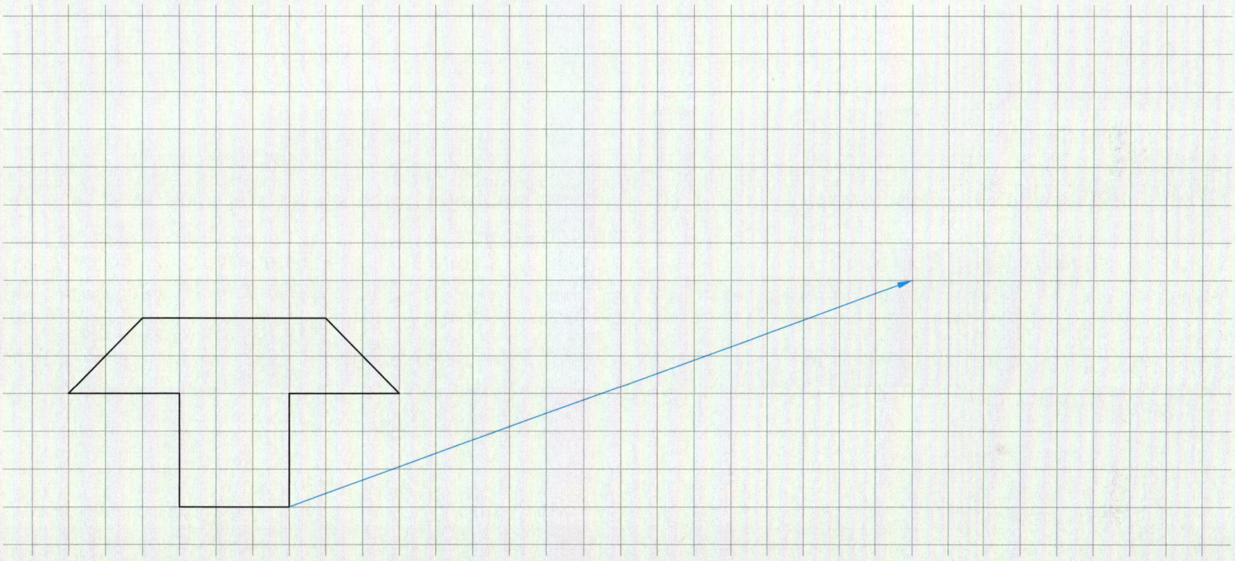

3 Drehe das Dreieck ABC um Z um 90° gegen den Uhrzeigersinn.

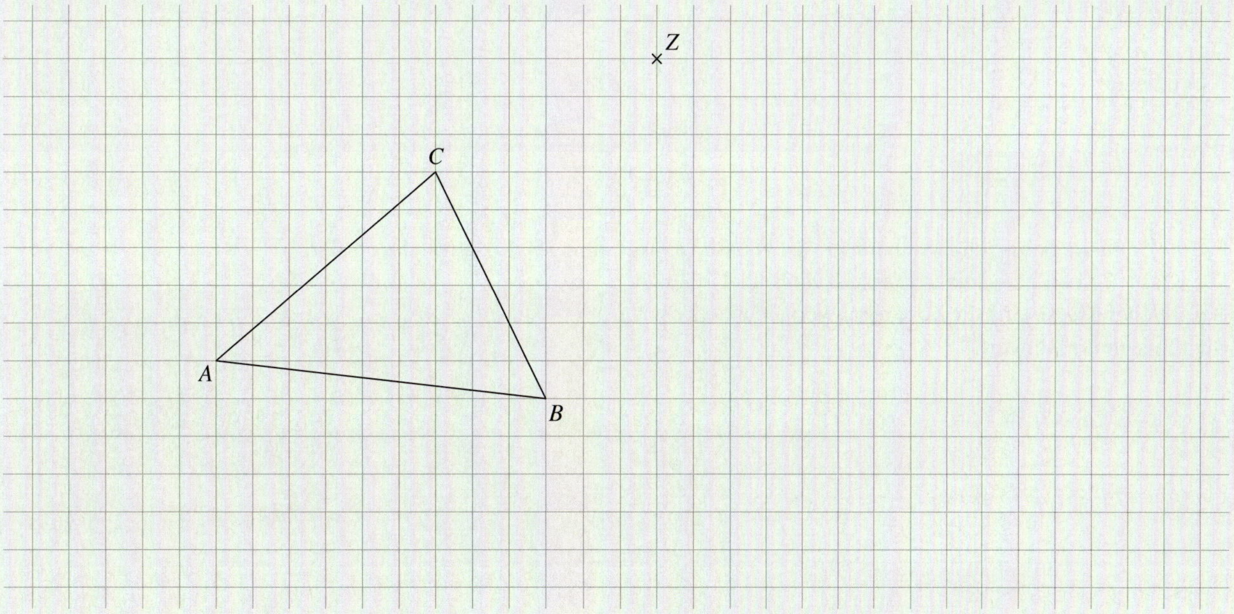

Kapitel Prozentrechnung

1 Ergänze die Tabelle.

	Kästchen	Hundertstel	Dezimalzahlen	Prozente
gelb				
rot				
blau				

2 Berechne den Prozentsatz, den Prozentwert und den Grundwert mithilfe des Dreisatzes.

a) Wie viel Prozent sind 9 von 20 Autos?

Autos	Anteil (p%)

9 von 20 Autos sind ____________ .

b) Wie viel sind 27 % von 200 Flaschen?

Anteil (p%)	Flaschen

27 % von 200 Flaschen sind ____________ .

c) 8 % sind 40 Punkte. Wie viel sind 100 %?

Anteil (p%)	Punkte

100 % sind ______________________ .

d) 3 % sind 180 Einwohner. Wie viel sind 100 %?

Anteil (p%)	Einwohner

100 % sind ______________________ .

3 Rechne im Kopf.

Prozentwert	50 €	30 €	75 €				47 €	3 €
Grundwert				200 €	50 €	50 €	47 €	300 €
Prozentsatz	25 %	50 %	75 %	30 %	40 %	50 %		

4 Für die Tombola beim Schulfest bereitete die Klasse 7a insgesamt 250 Lose vor, davon sind 30 Gewinne.
Die Klasse 7b bereitete 200 Lose vor, davon sind 27 Gewinne.
Bei welcher Klasse sind die Lose erfolgversprechender?
Begründe deine Antwort.

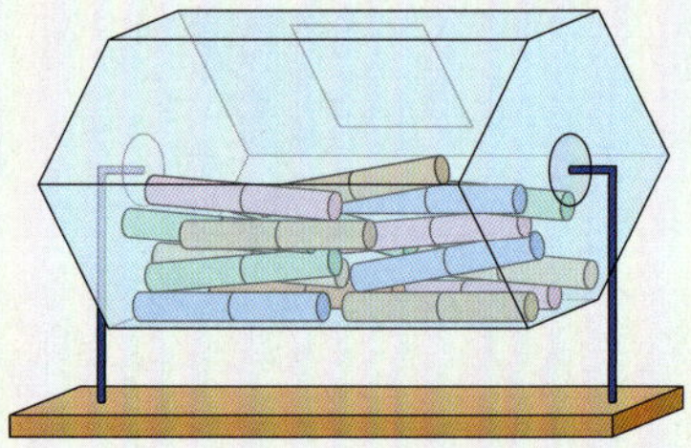

____

____

____

Kapitel Daten und Zufall

1 Ermittle jeweils das Minimum, das Maximum und die Spannweite der Datenreihen.

a) Längen von Stiften: 12 cm; 12,5 cm; 14 cm; 14 cm; 18 cm; 18 cm; 20 cm

Minimum: ______ Maximum: ______ Spannweite: ______

b) Stühle im Raum: 18; 31; 16; 14; 30; 31; 16; 31; 31; 15

Minimum: ______ Maximum: ______ Spannweite: ______

2 Gib jeweils den Median und die Quartile an.

a) Verspätungen: 5 min; 5 min; 10 min; 10 min; 10 min; 15 min; 15 min; 20 min; 30 min; 50 min

Median: ______ unteres Quartil: ______ oberes Quartil: ______

b) erreichte Punkte: 15; 31; 16; 14; 30; 16; 16; 30

____

Median: ______ unteres Quartil: ______ oberes Quartil: ______

3 Schreibe zuerst alle möglichen Ergebnisse auf.
Entscheide danach, ob die Ergebnisse gleich wahrscheinlich sind.

a) zufälliges Ziehen einer der fünf durchnummerierten Kugeln (1 bis 5)

$S = \{$ ______________________ $\}$ Sind die Ergebnisse gleichwahrscheinlich? ☐ ja ☐ nein

b) Ablesen der Temperatur an einem zufällig ausgewählten Tag im Januar

$S = \{$ ______________________ $\}$ Sind die Ergebnisse gleichwahrscheinlich? ☐ ja ☐ nein

4 Ermittle jeweils die Wahrscheinlichkeit des Ereignisses.

a) Würfeln einer „4 oder 5“ mit einem fairen sechsseitigen Würfel

Anzahl der günstigen Ergebnisse: __ Anzahl der möglichen Ergebnisse: __ *P* („4 oder 5“) = ________

b) Würfeln einer „ungeraden Zahl“ mit einem fairen sechsseitigen Würfel

Anzahl der günstigen Ergebnisse: __ Anzahl der möglichen Ergebnisse: __ *P* („ungerade Zahl“) = ________

5 Im Handballverein wurde über die Farbe der neuen Trikots abgestimmt.
23 Mitglieder wählten Blau mit Weiß, 16 Gelb mit Grün und 11 Rot mit Schwarz.

a) Wie viele Mitglieder haben abgestimmt?

____

b) Ergänze die Tabelle.

	Blau mit Weiß	Gelb mit Grün	Rot mit Schwarz
absolute Häufigkeit			
relative Häufigkeit			

Kapitel Von Termen und Gleichungen

1 Ergänze die Werte der Terme.

	$x-2$	$4\cdot x+1$	$2\cdot x-10$	x^2
$x=0$				
$x=1$				
$x=5$				
$x=8$				
$x=20$				

2 Vereinfache die Terme.

a) $3a+a+a=$ ____________

b) $10a-2a+a=$ ____________

c) $7x+4+10x-1=$ ____________

d) $3x-x+6+2x=$ ____________

e) $3x+7y+2x=$ ____________

f) $12y+4x-2y=$ ____________

g) $4x\cdot 5y=$ ____________

h) $6x\cdot 2\cdot 5y=$ ____________

i) $2x\cdot 7x=$ ____________

j) $4y\cdot 2y\cdot 10=$ ____________

3 Umfang der Figur

a) Schreibe einen Term für den Umfang der Figur auf und fasse zusammen.

____

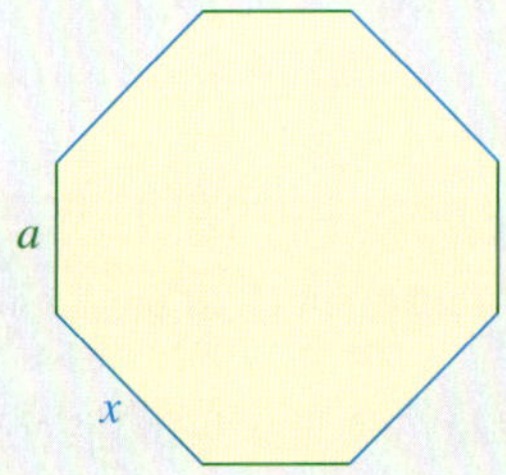

b) Gib den Umfang für $a=2$ cm und $x=3$ cm an.

____

4 Stelle entsprechende Terme auf.

a) Vierfache einer Zahl ____________

b) 50 durch eine Zahl ____________

c) Summe von dem Doppelten einer Zahl und 99 ____________

d) 100 minus dem Fünffachen einer Zahl ____________

5 Marie bestellt T-Shirts in einem Versandhaus.
Jedes T-Shirt kostet 9,00 Euro. Die Versandkosten betragen 3,50 Euro.

a) Gib einen Term zur Berechnung der Gesamtkosten für beliebig viele T-Shirts an. ____________

b) Ermittle die Gesamtkosten für fünf T-Shirts.

____

Jahrgangsstufentest

1 Vergleiche. Schreibe <, > bzw. =.

a) -12 □ 12 **b)** $3{,}5$ □ $-0{,}3$ **c)** -6 □ -100 **d)** $\frac{4}{7}$ □ $-\frac{1}{2}$

2 Berechne.

a) $5+(-9)=$ ____ **b)** $25-(+5)=$ ____ **c)** $-4+(-2)=$ ____ **d)** $10-(-8)=$ ____

e) $5\cdot(-4)=$ ____ **f)** $-2\cdot(-15)=$ ____ **g)** $40:(-5)=$ ____ **h)** $-100:(-2)=$ ____

3 Ergänze die Werte der Terme.

	$x+13$	$0{,}5\cdot x+0{,}2$	$3\cdot x-8$	$6:x$
$x=2$				
$x=5$				

4 Vereinfache die Terme.

a) $7\cdot a+a-2\cdot a=$ ____ **b)** $x+13\cdot y+8\cdot x-5\cdot y=$ ____

c) $3\cdot x\cdot 2\cdot 5\cdot y=$ ____ **d)** $0{,}2\cdot a\cdot 8\cdot b-4\cdot a+3\cdot a=$ ____

5 Stelle entsprechende Terme auf. Verwende die Variable a.

a) Zehnfache einer Zahl ____

b) Summe aus dem Dreifachen einer Zahl und 50 ____

6 In einer Lostrommel liegen 120 Lose. Sie sind mit den Ziffern 1 bis 120 durchnummeriert.
Es wird das erste Los aus der Trommel genommen.
Gib jeweils die passende Wahrscheinlichkeit an.

a) Auf dem ersten Los steht 99. P(„99") = ____

b) Auf dem ersten Los steht eine gerade Zahl. P(„gerade Zahl") = ____

c) Auf dem ersten Los steht eine dreistellige Zahl. P(„dreistellige Zahl") = ____

7 Ergänze mithilfe des Dreisatzes.

a) Sieben Essen mit der Nummer 201 kosten 84 €.
Wie viel kosten fünf Essen mit der Nummer 201?

____ kosten fünf Essen mit der Nummer 201.

b) Für 10 Pferde reicht das Futter 40 Tage.
Wie lange reicht es für 8 Pferde?

____ Tage reicht das Futter für 8 Pferde.

8 Mittelsenkrechte und Winkelhalbierende im Dreieck

a) Ermittle den Schnittpunkt der Mittelsenkrechten.

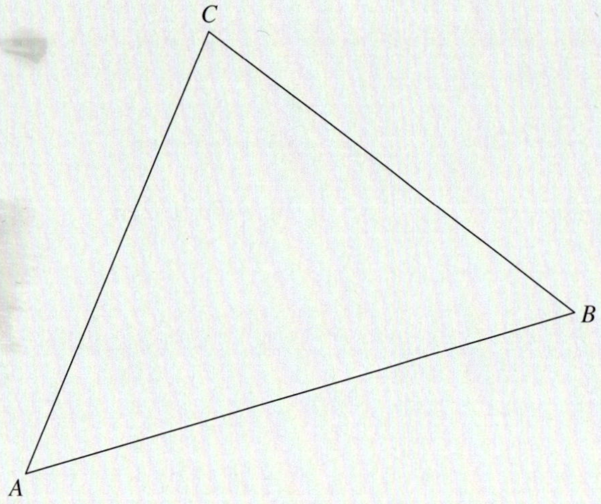

b) Ermittle den Schnittpunkt der Winkelhalbierenden.

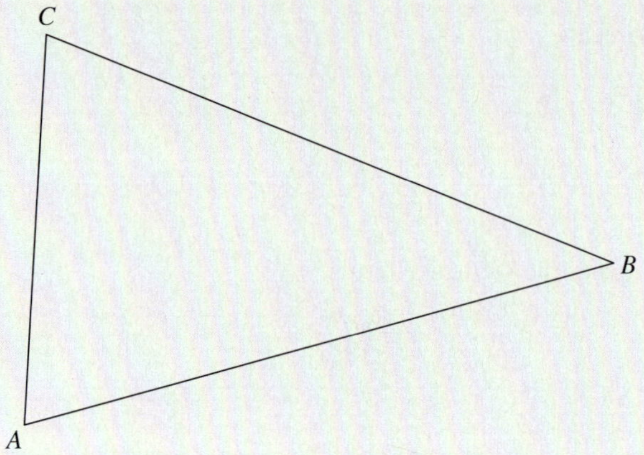

c) Gib die Art der Dreiecke an.

---

9 Rechne im Kopf.

Prozentwert	4 kg	8 h	7 Steine	6 m		
Grundwert	50 kg	24 h			10 €	600 €
Prozentsatz			70 %	3 %	5 %	4 %

10 Trage die gesuchten Begriffe ein.
Wenn alles richtig ist, ergeben die Buchstaben in den hellblauen Kästchen ein Lösungswort.

1. Das Ganze entspricht 100 % und ist der …
2. Den Median der unteren Hälfte einer Datenreihe nennt man unteres …
3. Hundertstel können leicht in … angegeben werden.
4. Die Differenz von Maximum und Minimum ist die …
5. Auf der … einer Strecke $\overline{AB}$ liegen alle Punkte, die von A und B den gleichen Abstand haben.
6. Es gibt zu jeder … Zahl eine natürliche Zahl, die den gleichen Abstand zu 0 hat.
7. Nach SSS, SsW, WSW und SWS sind Konstruktionen … ausführbar.
8. Absolute Häufigkeit steht für die …

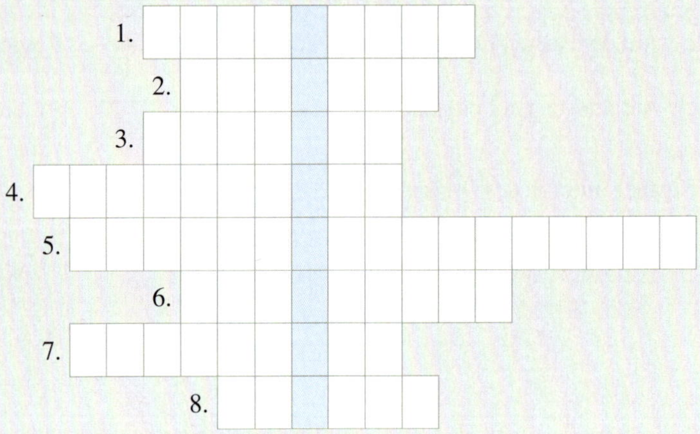